电力营销有问必答丛书

电能计量

主　编　朱　进　章　舸

参　编　蔡展乐　鲍卫东　吴　军　杨小雄

DIANLIYINGXIAO
YOUWENBIDA
CONGSHU

中国电力出版社
CHINA ELECTRIC POWER PRESS

内 容 提 要

随着国家电网公司电力营销业务工作规范和标准的出台，对营销业务模式的标准化、规范化、专业化的要求越来越高，为了帮助广大电力营销人员提高营销技术水平，解决实际工作中遇到的问题，浙江金华电业局组织编写了《电力营销有问必答丛书》。

本书是《电能计量》分册，共十章，主要介绍了与电能计量相关的法律法规，电能计量器具的结构、原理、作用和检验方法，电能计量装置的安装规范、错误接线分析以及用电信息采集系统、多功能电能表、电能计量同业对标等方面的知识。

本书可供从事电力营销工作的管理人员、电能计量专业技术人员、一线工作人员学习参考。

图书在版编目（CIP）数据

电能计量/朱进，章舸主编 .—北京：中国电力出版社，2011.4

（电力营销有问必答丛书）

ISBN 978-7-5123-1514-3

Ⅰ.①电… Ⅱ.①朱… ②章… Ⅲ.①电能计量－问题解答 Ⅳ.①TM933.4-44

中国版本图书馆 CIP 数据核字（2011）第 048301 号

中国电力出版社出版、发行

（北京市东城区北京站西街 19 号 100005 http：//www.cepp.sgcc.com.cn）

北京市同江印刷厂印刷

各地新华书店经售

*

2011 年 7 月第一版　2012 年 5 月北京第二次印刷

850 毫米×1168 毫米　32 开本　9.5 印张　204 千字

印数 3001—8000 册　定价 **20.00** 元

前言

电力营销工作是供电企业的重要业务，具有很强的政策性、社会性和服务性，随着国家电网公司电力营销业务工作规范和标准的出台，对营销业务模式的标准化、规范化、专业化的要求越来越高，对工作在供电企业基层的电力营销工作人员的业务能力和业务素质提出了更高的要求。为了帮助广大电力营销人员加强电力营销理论和方法的学习，提高营销技术水平，解决实际工作中遇到的问题，能更好地适应工作要求，浙江金华电业局组织编写了《电力营销有问必答丛书》。

本丛书编写从日常工作出发，对一些容易出错的环节、一线电力营销工作人员普遍感觉较为模糊的方面，根据国家电网公司营销业务模型设计、各类工作标准、各种工作规程、法律法规及流程标准化作业的要求，结合国家电网公司及各网省公司新近颁布的各种规范、文件等，采用问答的形式介绍给大家，同时还收录了一些实例。本丛书知识点多，内容丰富，针对性强，对具体从事电力营销工作的管理人员、专业技术人员、一线工作人员具有较强的实用性。

本书是《电能计量》分册，共十章，主要回答了电能计量基础知识、电能计量器具应用的基本原理，以及电能计量装置配置和装设实际操作规范；对典型的电能计量装置正确接线和故障以及差错电量计算进行了细致的分析；并回答了电能计量技术的管理和同业对标等相关问题；同时介绍了电能计量新技术、新设备和新标准的应用。

由于编者水平有限，时间仓促，加之随着时间的推移，电能计量技术在不断地发展，书中不足之处在所难免，敬请广大读者和有关专家批评指正。

目录

第一章 计量基础知识

第一节 计量法规知识

1. 我国计量立法的宗旨是什么？

答：我国计量立法的宗旨，即计量立法的目的和意图是为了加强计量监督管理，保障国家计量单位制的统一和量值的准确可靠，有利于工农业生产、科学技术和国内外经济贸易的发展，适应于社会主义现代化建设的需要，维护国家和人民的利益。

2. 《中华人民共和国计量法》中提出的两个重要概念是什么？

答：计量监督和强制检定。

3. 什么是计量监督？

答：计量监督是按计量法律、法规的要求所进行的计量管理工作，是计量领域中的执法工作。

4. 加强计量监督管理最核心的内容是什么？

答：加强计量监督管理最核心的内容就是保障计量单位制的统一和全国量值的准确可靠。这也是计量立法的基本点。

5. 什么是计量认证？

答：计量认证是指政府计量行政部门对有关技术机构计量检定、测试能力和可靠性进行的考核和证明。

6. 计量的统一性在《中华人民共和国计量法》中是如何体现的？

答：计量的统一性在《中华人民共和国计量法》中的具体

体现可以概括为以下三个方面：

（1）保障国家计量单位制统一。

（2）保障全国量值的统一。

（3）对全国计量工作实施统一的监督管理。

7. 贯彻执行实施《中华人民共和国计量法》要做好哪几方面的工作?

答：贯彻执行实施《中华人民共和国计量法》应首先把我国计量管理工作纳入法制轨道，以法律的形式确定计量管理的模式，作为监督管理的依据、保障人民的利益，维护国家和消费者等方面的权益，并且要做好以下的工作。

（1）加强计量监督管理，保障国家计量单位制的统一和量值准确可靠，有利于生产、贸易、科学技术发展。

（2）在中华人民共和国境内建立计量基准器具、计量标准器具，进行计量检定、制造、修理、销售、使用计量器具。

（3）国家采用国际单位制，国际单位制计量单位和国家选定的其他计量单位为国家法定计量单位，非国家法定计量单位应予以废除。

（4）制造计量器具的单位要办理制造计量器具许可证，修理的也要办理修理计量器具许可证，无以上证明的，工商行政管理部门不予以办理营业执照。

（5）制造、修理计量器具的单位，必须具备场所、人员和检定仪器、仪表等设施和条件。计量人员应定期考核合格。

（6）违法者根据《刑法》第187条的规定追究刑事责任。

8. 《中华人民共和国计量法》和《中华人民共和国计量法实施细则》中对进口计量器具有什么规定?

答：《中华人民共和国计量法》和《中华人民共和国计量法实施细则》明确规定了进口的计量器具，必须经省级以上计量行政部门检定合格后，方可销售；外商在中国销售的计量器具，须经国务院计量行政部门申请型式批准，进行定型鉴定；未经批准。不得进口非法定计量单位的计量器具。

9.《中华人民共和国计量法实施细则》对计量调解和仲裁检定是如何描述的？

答：《中华人民共和国计量法实施细则》规定，县级以上人民政府计量行政部门负责计量纠纷的调解和仲裁检定，并可根据司法机关、合同管理机关、涉外仲裁机关或者其他单位的委托，指定有关计量检定机构进行仲裁检定，在调解、仲裁及案件审理过程中，任何一方当事人均不得改变与计量纠纷相关的计量器具的技术状态。

10. 国家对电力部门计量工作授权的主要内容有哪些？

答：根据《中华人民共和国计量法》第20条的规定，经国务院批准，在计量方面对电力部门作了如下授权：

（1）电力部门电测、热工计量仪表和装置的建标考核，检定、管理和计量人员考核，由电力部门执行；

（2）电力部门各企业、事业单位内部使用的强制检定工作计量器具，由电力部门计量检定机构执行强制检定，并可根据需要开展修理业务；

（3）电力部门管理的并用于结算、收费的电能计量仪表和装置，由电力部门计量检定机构执行强制检定。

11. 什么是基准？

答：基准是计量的原始依据和最高标准。按其作用和用途可分为国家基准、副基准和工作基准。

12. 作为统一全国量值最高依据的计量器具是什么？

答：作为统一全国量值最高依据的计量器具是计量基准器具。

13. 什么是国家计量基准?

答：在特定计量领域内，用来复现和保存计量单位，并具有最高计量学特性，经国家鉴定并批准，作为统一全国计量单位量值最高依据的计量器具。

14. 什么是副基准?

答：通过与国家基准计量器具对比或校准来确定其量，并经国家鉴定批准的计量器具。副基准在全国作为复现计量单位，在国家检定系统中的地位仅在国家基准之下。

15. 什么是工作基准?

答：通过与国家基准或副基准对比或校准，并经国家鉴定，实际用以检定计量标准的计量器具。

16. 设立工作基准的目的是什么?

答：设立工作基准的目的主要是为了不使国家基准和副基准由于频繁使用而丧失其应有的计量特性。

17. 什么是标准？它在国家计量检定系统中的地位如何?

答：按国家计量检定系统规定的准确度等级，用于检定较低等级计量标准器具或工作计量器具的计量器具称为标准。计量标准在国家计量检定系统中的地位在工作基准之下、工作计量器具之上。

18. 什么是计量标准?

答：计量标准是指按国家计量检定系统表规定的准确度等级，用于检定较低等级计量标准或工作计量器具的计量器具。

19. 计量标准器具（计量标准）的使用必须具备哪些条件?

答：计量标准器具的使用必须具备下列条件：

(1) 经计量检定合格。

(2) 具有正常工作所需要的环境条件。

(3) 具有称职的保存、维护、使用人员。

(4) 具有完善的管理制度。

第二节 计量检定知识

20. 什么是计量检定?

答：计量检定是指为评定计量器具的计量性能，确定其是否合格所进行的全部工作。

21. 什么是法定计量检定机构?

答：法定计量检定机构是政府计量行政部门依法设置的计量鉴定机构以及其授权的计量鉴定机构。

22. 计量授权的形式有哪些?

答：(1) 授权建立专业性或区域性计量检定机构作为法定计量检定机构。

(2) 授权建立社会公用计量标准。

(3) 授权一个部门或一个单位的计量机构，对其内部使用的强制检定计量器具执行强制检定。

(4) 授权有关技术机构，承担法律规定的其他检定、测试任务。

23. 计量授权证书的有效期如何规定?

答：计量授权证书的有效期由授权单位规定有效期，最长不得超过5年。被授权单位可在有效期满前6个月提出继续承担授权任务的申请；授权单位可根据需要和被授权单位的申请在有效期满前进行复查，经复查合格的，延长有效期。

24. 什么是计量标准装置?

答：计量标准装置是指为确定被测量值所必须的由标准的

计量器具和辅助的计量器具、设备组成，并经计量标准技术考核合格的总体。

25. 计量标准考核的内容和要求是什么？

答：计量标准考核的内容和要求是：

（1）计量标准配套齐全、技术状况良好，并经主持考核的有关部门认可的计量检定机构检定合格。

（2）具有计量标准正常工作所需要的温度、湿度、防尘、防震、防腐蚀、抗干扰等环境和工作场所。

（3）计量检定人员应取得所从事的检定项目的计量检定证件。

（4）具有完善的管理制度，包括计量标准的保存、维护、使用制度，周期检定制度和技术规范。

26. 什么是量值传递？

答：量值传递是指采用国家计量基准所显现的单位量值，通过计量标准逐级传递到工作计量器具的检定活动。

27. 开展量值传递的必备条件有哪些？

答：开展量值传递的必备条件：

（1）计量标准器及配套设备齐全、合格。

（2）具备正常工作所需要的环境条件和工作场所。

（3）具有称职工作人员，并持有效资格证书。

（4）具有完善的管理制度。

28. 什么是量值溯源？

答：量值溯源是自下而上的追踪计量标准的过程。

29. 计量检定的分类有哪些？

答：计量检定按计量器具的管理形式可分为强制检定和非强制检定两类，按检定性质可分为首次检定和后续检定。后续检定又包括周期检定、监督检定、仲裁检定、抽样检定等。

30. 什么是强制检定?

答：强制检定是指由县级以上人民政府计量行政部门所属或者授权的计量检定机构，对用于贸易结算、安全防护、医疗卫生、环境监测方面，并列入《中华人民共和国强制检定工作计量器具目录》的计量器具，实行定点、定期检定称为强制检定。

31. 什么是周期检定?

答：周期检定是对计量器具、精密仪表进行的例行检定，一般在标准条件下进行，检定的内容包括准确度、灵敏度、稳定性、输入特性、抗干扰特性等技术指标，以保证它们能准确、可靠地投入使用。

32. 什么是监督检定?

答：监督检定是对在用计量器具的状况和使用情况监督检查时所进行的检定。

33. 什么是仲裁检定?

答：仲裁检定指用计量基准或社会公用计量标准所进行的以裁决为目的的计量检定、测试活动。

34. 什么是抽样检定?

答：抽样检定是从一批相同的计量器具中按统计学方法，抽取一定数量的样品进行检定，作为该批计量器具的鉴定结果的一种检定。

35. 强制检定和非强制检定的区别有哪些?

答：主要区别有以下三个方面：

（1）强制检定由政府计量行政部门实施监督管理；而非强制检定则由使用单位自行依法管理，政府计量行政部门对其依法管理的情况进行监督检查。

(2) 强制检定由政府计量行政部门指定法定或授权的计量检定机构执行，使用单位没有选择余地；而非强制检定则可由使用单位自己执行或送其他计量检定机构检定。

(3) 强制检定的检定周期由执行强制检定的检定机构根据检定规程并结合使用情况确定；而非强制检定的检定周期，可在检定规程允许的前提下，由使用单位自己根据实际需要确定。

36. 什么是校准?

答：校准就是在规定的条件下，为确定测量仪器、测量系统所指示的量值，或实物量具、参考物质所代表的量值，与相对应的由标准所复现的量值之间关系的一组操作。

37. 检定与校准的区别有哪些?

答：检定与校准的主要区别是：

(1) 检定是对计量器具的计量特性进行全面的评价，而校准主要是确定其示值误差。

(2) 检定要对计量器具作出合格与否的结论，具有法制性，而校准从国际上看，并不作出计量器具合格与否的结论，无法制性。

(3) 检定应出具检定证书或检定结果通知书，而校准出具校准证书或校准报告并将校准结果记录其上。

(4) 检定的依据是计量检定规程，校准的依据可以参照计量检定规程、校准规范及其他相关技术文件。

38. 什么是比对?

答：比对就是在规定条件下，对相同准确度等级的同类基准、标准或工作用计量器具之间的量值进行比较。通常情况下，当缺乏高一等级的计量标准时，往往通过比对来统一量值。

39. 比对与检定的区别有哪些?

答：比对和检定是两个不同的概念。比对是用同等准确度的计量器具进行比较，其目的是考核其量值的一致性；检定是同高一准确度等级和低一级准确度等级计量器具相比较，以全面评定被检计量器具的计量性能是否合格。

40. 计量检定印证包括哪些内容?

答：计量检定印证包括：

（1）检定证书。

（2）检定结果通知书。

（3）检定合格印。

（4）检定合格证。

（5）注销印。

41. 什么是检定证书?

答：检定证书是指证明计量器具已经过检定，获满意结果的文件。

42. 什么是计量器具的检定结果通知书?

答：计量器具的检定结果通知书就是声明计量器具不符合法定要求的文件。

43. 不合格计量器具的含义是什么?

答：不合格计量器具是指经检定不合格的器具、超周期使用的器具、无合格印证的器具。

44. 破坏计量器具的含义是什么?

答：破坏计量器具是指为牟取非法利益通过作弊使计量器具失准。

45. 伪造数据的含义是什么?

答：伪造数据是指单位和个人使用合格的计量器具，进行不诚实的测量，出具虚假数据。

46. 计量检定人员需具备哪些资质证书?

答：计量检定人员应具备省级以上技术监督部门颁发的计量检定员证，方可从事计量检定工作。

47. 计量检定人员的职责有哪些?

答：计量检定人员的职责是：

（1）正确使用计量基准或计量标准，并负责维护、保养，使其保持良好的技术状况。

（2）执行计量技术法规，进行计量检定工作。

（3）保证检定的原始数据和有关技术资料的完整。

（4）承办政府计量行政部门或上级委托的有关任务。

48. 计量检定人员的哪些行为属违法行为?

答：计量检定人员有下列行为之一的均属违法行为：

（1）伪造检定数据者。

（2）出具错误数据造成损失的。

（3）违反计量检定规程进行计量检定的。

（4）使用未经考核合格的计量标准开展检定的。

（5）未取得计量检定证件执行计量检定的。

49. 在裁决计量纠纷或实施计量监督中，计量检定人员出具的检定数据是否具有法律效力?

答：具有法律效力。

第三节 计量单位

50. 什么是计量单位?

答：计量单位是指以定量表示同种量量值而约定采用的特

定量。

51. 什么是法定计量单位?

答：法定计量单位就是国家依法令的形式规定允许使用的计量单位。

52. 我国的法定单位是由哪几部分构成的?

答：我国的法定计量单位由以下部分构成：

（1）国际单位制的基本单位。

（2）国际单位制的辅助单位。

（3）国际单位制中具有专门名称的导出单位。

（4）国家选定的非国际单位制单位。

（5）由以上单位构成的组合形式的单位。

（6）由词头和以上单位构成的十进倍数和分数单位。

53. 法定计量单位的使用规则有哪些?

答：法定计量单位的使用规则主要有：

（1）单位名称与符号的使用场合的规定。

（2）组合单位加词头的原则。

（3）单位的名称或符号要作为整个使用。

（4）不能单独或重叠使用词头。

（5）限制使用 SI 词头的单位。

（6）避免单位名称与符号、单位的国际符号与中文符号的混用。

（7）量值应正确表述。

54. 计量单位使用中有哪些常见错误?

答：使用中常见错误有以下几类：

（1）错把单位的名称作为物理量的名称使用。

（2）把词头当成单位使用。

（3）错用习惯省略的单位使用。

（4）不恰当的单位名称。

（5）错误的单位符号。

55. 什么是单位制？

答：为给定量制按给定规则确定的一组基本单位和导出单位。

56. 什么是国际单位制？

答：国际单位制是计量大会（CGPM）采纳和推荐的一种一贯单位制，其国际代号为 SI。SI 单位包括 SI 基本单位、SI 导出单位和 SI 辅助单位。

57. 国际单位制的基本单位有哪些？

答：国际单位制的基本单位有 7 个，分别为米（m）、千克（kg）、秒（s）、安培（A）、开尔文（K）、摩尔（mol）、坎德拉（cd）。

58. 下列单位：千瓦、千瓦时、千乏、千乏时、千伏、千安、千伏安的标准符号是什么？

答：它们的标准符号是：千瓦——kW，千瓦时——kWh，千乏——kvar，千乏时——kvarh，千伏——kV，千安——kA，千伏安——kVA。

59. 法定计量单位中用电量的单位及其符号是什么？

答：法定计量单位规定用户的用电量是电能，计量单位是千瓦时，符号为 kWh。

第四节　误差知识

60. 什么是测量？

答：为确定被测对象的量值，即对被测量的大小和单位进行的试验过程称为测量。

61. 什么是计量?

答：计量是测量的一种特殊形式，是把被测量与国家基准或标准的单位进行比较，以确定合格或不合格，最后给出具有法律效应的检定证书，以保证单位的统一和量值的准确可靠。

62. 什么是直接测量?

答：凡是能用仪器、仪表直接得出结果的测量都称为直接测量。

63. 什么是间接测量?

答：凡不能用仪器、仪表直接测出或直接测量很复杂，一般采取先测出一些与待测量有关的量，然后根据已知的函数关系求出待测量，称为间接测量。

64. 测量误差的来源有哪些?

答：测量误差的来源有很多，根据误差的性质可分为系统误差、随机误差、粗大误差三类。

65. 什么是系统误差?

答：系统误差是指在同一条件下，对同一量进行多次测量，其误差的大小和符号具有恒定偏向或按某一确定的规律变化的这类误差称为系统误差。

66. 造成系统误差的主要原因有哪几个方面?

答：造成系统误差的主要原因有工具误差、方法误差、环境误差和人为误差等几个方面。

67. 什么是随机误差?

答：随机误差也称偶然误差，是指在相同的条件下对同一量进行多次测量，误差的量值变化没有规律可循，不可预知，例如量值时大时小，符号有正有负。

68. 随机误差有什么特点?

答：随机误差服从于统计规律，即：

(1) 有界性，超过一定限度的误差出现的概率为零。

(2) 单峰性，绝对值小的误差，比绝对值大的误差出现的几率高。

(3) 对称性，当测量次数足够多时，正、负误差出现的几率相等。

69. 什么是粗大误差，它是怎样产生的?

答：也称为疏失误差，其数据异常。这类误差主要来源于仪器故障、不正确的操作或试验条件突变、操作人员粗心、读数错误、记录错误等。

70. 对含有粗差的异常值如何处理和判别?

答：对含有粗差的异常值应从测量数据中剔除。在测量过程中，若发现有的测量条件不符合要求，可将该测量数据从记录中划去，但须注明原因。在测量进行后，要判断一个测量值是否异常值，可用异常值发现准则，如格拉布斯准则、来伊达3准则等。

71. 测量误差的表示方法有哪些?

答：测量误差的表示方法通常有三种，绝对误差、相对误差和引用误差。

72. 什么是绝对误差?

答：指示值 A_x 与被测量的实际值 A_0 之间的差值叫做绝对误差，若以 ΔA 表示，则 $\Delta A = A_x - A_0$。

73. 什么是相对误差?

答：指示值 A_x 与被测量的实际值 A_0 之差和实际值 A_0 之比的百分数称为相对误差。

74. 什么是引用误差？

答：引用误差也叫满刻度相对误差，是指示值 A_x 与被测量的实际值 A_0 之差和仪表的满刻度值 A_m 之比的百分数。

75. 什么是电能表的基本误差？

答：电能表在参比条件下测量的相对误差称为电能表的基本误差，电能表的准确度等级就是用基本误差表示的。

76. 什么是多功能电能表的日计时误差？

答：在电能表通入参比电压的情况下，接入准确度为 10^{-8}的日误差测试仪，测试时间晶振频率或电能表的秒信号测试接口，连续测 10 次，每次至少 25s，取 10 次平均值。或连续走字 75h，以电台报时声为参考，每 24h 测一次计时误差，取 3 次平均值。平均值与参比时间的差值即为日计时误差。

77. 什么是多功能电能表的时段投切误差？

答：多费率电能表在时段切换时，其预置的时段起始或终止时间与实际时间存在的差值即为时段投切误差。

78. 什么是需量周期误差？

答：实际测量的需量周期与指定的需量周期之差称为需量周期误差。

79. 什么是基本误差特性曲线？

答：电能表的基本误差随负载电流和功率因数变化的关系曲线叫做基本误差特性曲线，也称为负载特性曲线。

80. 什么是准确度？

答：准确度又称精确度，是测量结果中系统误差与随机误差的综合，表示测量结果与真值之间的一致程度。

81. 什么是不确定度？

答：不确定度是表征被测量的真值所处的量值范围的

评定。

82. 不确定度与误差有什么关系?

答：误差与不确定度是两个不同的概念，误差是以真值为中心，说明测量结果与真值的差异。而不确定度是以测量结果为中心，用它估价测量结果与真值符合的程度。测量结果用不确定度表示是误差理论的新发展。

83. 计量器具检定时，检定装置显示的相对误差是否符合相应标准的判断依据是什么?

答：显示的相对误差是以化整以后的数据是否符合相应标准误差限值作为判断依据的。

84. 数据修约的规则是什么?

答：数据修约的规则主要有以下两条：

（1）保留位右边的数字对保留位来说，若大于保留位最小单位的一半时，舍去保留位右边的数字，保留位加1；若小于保留位最小单位的一半时，舍去保留位右边的数字，保留位不变。

（2）若保留位右边的数字等于保留位最小单位的一半时，保留位是偶数时不变，是奇数时保留位加1。

85. 数据修约的规则制定主要遵循哪两点?

答：数据修约的规则的制定主要遵循以下两点：

（1）“舍”和“入”的合理性。

（2）“舍”和“入”的机会均等。

86. 数据修约的通用方法是什么?

答：数据修约的通用方法是：数据除以化整距，所得数值按数据修约规则化整，化整后的数值乘以化整间距所得值，即为化整结果。

87. 安装式电子式电能表相对误差的化整间距是多少?

答：安装式电子式电能表相对误差的化整间距为电能表准确度等级的1/10，如：0.5级电能表化整间距0.05；1.0级表化整间距为0.1；2.0级表化整间距为0.2。

88. 电子式电能表日计时误差的化整间距是多少?

答：0.01s。

89. 电子式电能表时段投切误差的化整间距是多少?

答：1s。

90. 电子式电能表的需量误差的化整间距是多少?

答：与电能表的基本误差相同。

第二章 电子式电能表

第一节 基本知识

91. 全电子式电能表有哪些特点?

答：全电子式电能表有以下特点：

(1) 测量精度高，工作频带宽，过载能力强。

(2) 本身功耗比感应式电能表低。

(3) 由于可将测量值（脉冲）输出，故可进行远方测量。

(4) 引入单片微机后，可实现功能扩展，制成多功能和智能电能表等。比如：存储数据功能，异常告警功能。

92. 电子式电能表与感应式电能表相比有何优势?

答：电子式电能表与感应式电能表相比有下列优势：

(1) 电子式电能表更能适应于恶劣的工作环境。

(2) 电子式电能表易于安装，尤其对安装位置的垂直度要求没有机械表高。

(3) 电子式电能表易于实现防窃电功能。

(4) 电子式电能表易于实现多功能计量。

(5) 电子式电能表的安装、调试简单，易大批量生产。

(6) 电子式电能表能长期稳定地运行。

(7) 电子式电能表可实现较宽的负载。

93. 电子式电能表按其工作原理的不同可分为哪两种类型?

答：可分为模拟乘法器型电子式电能表和数字乘法器型电

子式电能表。

94. 电子式电能表按其功能可分为几类？

答：电子式电能表按其功能分为以下几类：

（1）电子式单相电能表。

（2）电子式三相有功电能表。

（3）电子式分时计费电能表。

（4）电子式最大需量电能表。

（5）电子式有功、无功带脉冲的电能表。

（6）电子式多功能电能表。

（7）电子式断压、断流计量电量和时间的计量装置。

（8）IC卡电能表。

95. 模拟乘法器电子式电能表工作原理是什么？

答：被测的高电压 U、大电流 I 经电压变换器和电流变换转换后送至乘法器M，乘法器M完成电压和电流瞬时值相乘，输出一个与一段时间内的平均功率成正比的直流电压 U_0，然后利用 U/f 转换器，U_0 被转换成相应的脉冲频率 f_0，即得到 f_0 正比于平均功率，将该频率分频，并通过一段时间内计数器的计数，显示出相应的电能，如图2-1所示。

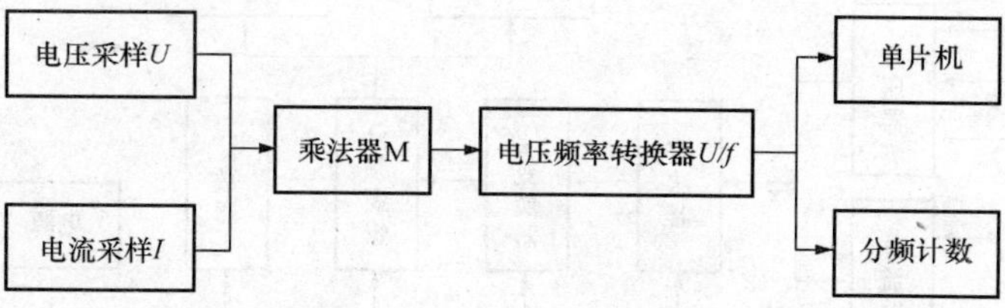

图2-1 模拟乘法器电子式电能表工作原理图

96. 数字乘法器型电子式电能表工作原理是什么?

答：数字乘法器型电子式电能表，将采样得到的电压 U 电流 I 模拟信号，经模数转换（A/D）成直流数字信号，送至数字乘法器，相乘得到正比于电功率数字信号。通过一段时间内的计数，显示相应的电能。其工作原理框图如图 2-2 所示。

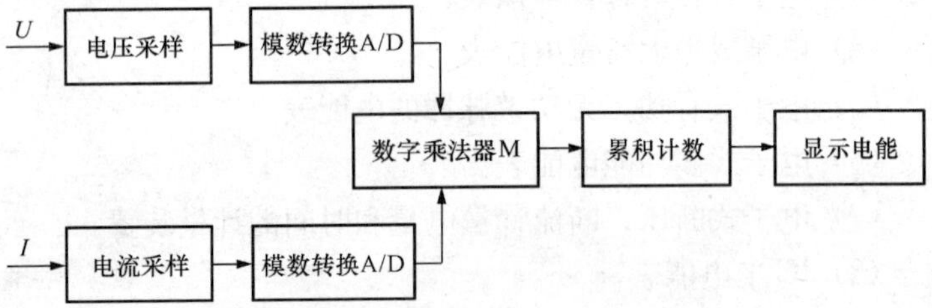

图 2-2　数字乘法器型电子式电能表原理框图

97. 电子式三相三线电能表计量原理是什么?

答：电子式三相三线电能表有采用两个电压互感器采样，也有采用三个电压互感器采样的。最终还是采用两个线电压和两个电流相乘积，即 $P=U_{uv}I_u+U_{wv}I_w$，所以计量的是三相三线电能。其原理框图如图 2-3 所示。

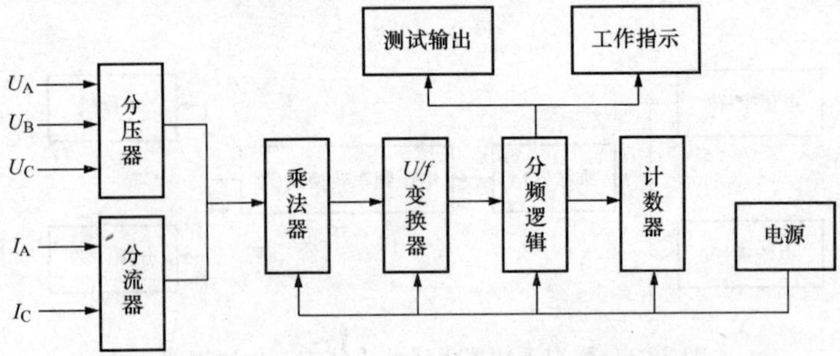

图 2-3　电子式三相三线电能表计量原理框图

98. 常见的静止式电能表有哪几种类型？其性能有何差异？

答：常见的静止式电能表有 A/D 转换型、热电偶型、时分割乘法器型和霍尔乘法器型。它们在性能上的差异如表 2-1 所示。

表 2-1　　不同静止式电能表的性能差异

类型	A/D 转换型	热电偶型	时分割乘法器型	霍尔乘法器型
精度	一般	高	高	一般
启动电流	一般	小	小	一般
频率响应	$<10kHz$	0～100kHz	$<10kHz$	0～100kHz
电磁兼容性	一般	好	好	好
时间漂移	一般	一般	较好	较好
功能扩展性	好	一般	一般	一般
外磁场影响	好	好	好	差
制造成本	中	高	低	高

99. 时分割乘法器的基本原理是什么？

答：时分割乘法器的基本原理是：用一个固定频率为20～200kHz 的方波或三角波将两个同频率（例如 50Hz）的待测量，即交流电压量 U_x、U_y 的每个周期分割成许多微小等份的小段，由于分割的频率比两个待测电压量的频率高得多，所以每个等分区段的电压量都可以看成是直流量。假定在一个等分区内，使其中一个电压 U_x 调制脉冲的宽度使其正比于 U_x，然后，用这个脉冲宽度去控制另一个输入电压 U_y 的接通时间，使得脉冲的幅度正比于 U_y，经过上述的调宽调幅，就会输出一个面积为 U_xU_y 的正负方波，经滤波后，乘法器最终输出的电压 $F_0=kU_xU_y$，这样就实现了两个被测输入量的相乘。

100. “看门狗”电路的作用是什么？

答：“看门狗”电路的作用是：就是防止单片机程序死机。当单片机在运行过程中，程序进入局部死循环或停留在某条不应停留的指令上时，产生一个中断信号或复位信号，把单片机从死机状态解脱出来。

101. 电子式电能表脉冲输出电路有哪两种形式？各有何特点？为何用光电耦合器对脉冲输出电路进行隔离？

答：电子式电能表的脉冲输出电路有两种基本形式：一种为有源输出，即电能表的脉冲信号发生电路的工作电源置于电能表内，脉冲的产生和输出不依赖于该表工作电源之外的任何其他电源。它能直接通过脉冲信号发生电路输出相应的高、低电平脉冲信号，故取出信号简单、方便。另一种为无源输出，只有外加低压直流工作电源及上拉电阻，才能输出高、低电平脉冲信号。这种输出电路的特点是脉冲信号幅值可灵活设定，以输入到不同输入信号幅值的脉冲计数器。

采用光电隔离器，即可将电子式电能表内部的脉冲电路与外界干扰隔离起来。

102. 电子式电能表使用最多的两种电流取样方式是什么？使用最多的两种测量原理是什么？

答：目前市场上电子式电能表使用最多的两种电流取样方式是分流电阻直接取样方式和经互感器取样方式。前者多用于单相电能表，后者多用于三相电能表。

使用最多的两种测量原理是高精度 A/D 转换型和霍尔乘法型。前者的基本原理是通过直接测电路中的交流电压、电流，对变化的正弦波按一定的时间间隔逐点检测其电压、电流的大小和极性，并转换成数字量送入单片机。后者的基本原理是利用霍尔效应的 DFS 传感元件将被测电路中的电压、电流相乘后，再经各种变换从而获得测量有功电能、无功电能等所需的数据。

103. 为了保证电能表内部参数的安全性，通常可采取哪些措施？

答：①软件编程加密，如状态识别或口令校对。②线路板上加硬件开关。③将某些固定不变的参数写入程序中。

104. 应用在电子式电能表的模/数（A/D）转换器的类型和型式有哪几种？

答：模/数（A/D）转换器是将模/数（A/D）转换的电路输入模拟量转换为数字量。由于数字量便于计算，且不会产生误差，才会被电子式电能表采用。模/数（A/D）转换器的类型和型式有以下几种：积分型、斜波型、复合型、比较型、脉宽型。

105. 电子式电能表的基本结构有哪几部分？

答：各类电子式电子表基本由电源单元、显示单元、电能测量单元、中央处理单元、输出及通信单元6个部分组成。

由于科学技术的发展，目前单相电子式电能表均采用专用大规模集成电路，如ADE7755、ADE7755E等，如图2-4所示。

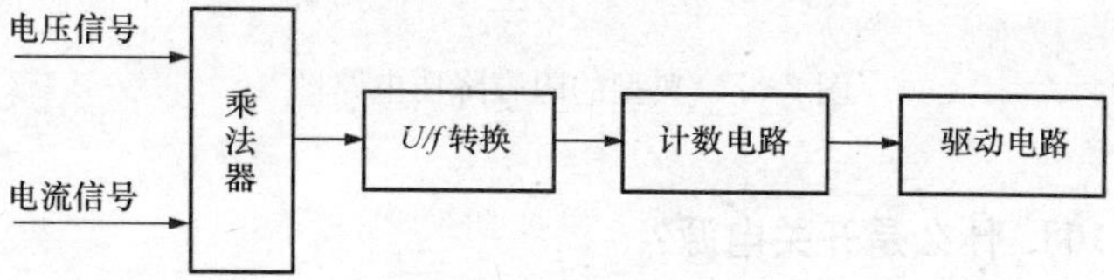

图2-4　单相电子式电能表专用集成电路方框图

106. 电子式电能表的电源方式有几种？电源主要解决电能表什么问题？

答：电子式电能表工作电源通常有工频电源（即变压器降

压）、阻容电源（电阻和电容降压）、开关电源三种方式。无论哪种电源方式，都应该着重解决如下几个问题：

（1）将 50Hz 的电网交流高电压变换成电子电路所需的直流低电压±5V。

（2）将电子式电能表与外界交流电网实现电气隔离，避免电网噪声的侵入。

（3）提供后备电池，确保电网停电时重要数据不丢失。

（4）将电网瞬间的掉电信号提供给单片机进行处理。

107. 阻容降压电源有什么优缺点？

答：阻容降压电源适合于液晶显示等一些要求工作电流很小的场合。电阻降压方式结构简单，允许输入电压动态范围宽。缺点是电气无隔离，电源效率低。电容降压方式的电能转换效率较高，但一旦电容击穿将造成严重后果，因此安全性有待加强。图 2-5 所示是一种典型的阻容降压电路图。

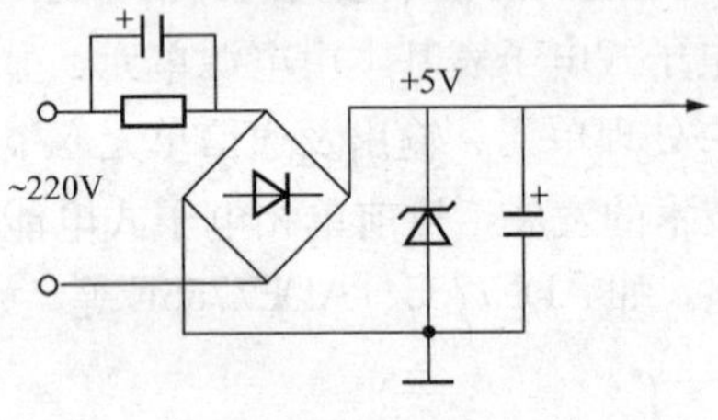

图 2-5　典型的阻容降压电路图

108. 什么是开关电源？

答：开关电源是利用现代电力技术，控制开关晶体管开通和关断的时间比率，维持稳定输出电压的一种电源。开关电源一般由脉冲宽度调制（PWM）控制 IC 和 MOSFET 构成。开关电源种类很多，按变压器电路结构可分为串联式和直流变换式；按激励方式可分为自激和他激式；按开关管的组合可分为桥式、半桥式、推挽式等。但无论哪种开关电源都是利用半导体器件和开和关来工作的，并以开和关的时间来控制输出电压的高低，它通常在20kHz的开关频率下工作。

109. 电子式电能表的备用电源（电池）必须具备什么功能？

答：作为电子式电能表的电源，必须具备“掉电”检测的功能，它主要有两点：一是当电网断电的瞬间产生一个掉电信号，通知单片机，由于储能元件大电容的存在，仍可维持一个短暂时间（例如几十毫秒）使单片机能完成保护当前工作现场、保存重要数据到非易失存储器单元；二是电网恢复上电时，产生上电信号，通知单片机由后备或初始状态进入正常工作状态。要求采用绿色环保锂电池作备用电源，电池容量不小于1Ah。断电后可维持电表时钟连续运行3年以上，使用寿命大于10年。

110. 电子式电能表的电能量显示方式有哪几种？

答：电子式电能表的电能量显示方式有LED数码管显示器、LCD液晶显示器、机械计度器三种方式。

111. 电子式电能表乘法器有哪几种？

答：电子式电能表乘法器有热电转换型、霍尔乘法器、时分割乘法器、高精度A/D型乘法器、DSP型乘法器等。

112. 霍尔乘法器实现静止式电能表的主要优缺点是什么？

答：优点是：

（1）频率响应宽。

（2）可以不需要电流互感器，不存在引入互感器的误差。

（3）电压、电流回路彼此独立。

（4）检测和校准相当容易，且线形也较好。

缺点是：工艺复杂，精度也不容易达到很高。

113. 时分割乘法器由哪几部分组成?

答：通常，“时分割乘法器”由三角波发生器、比较器、调制器、滤波器四个部分组成。

114. 什么是A/D转换?

答：A/D转换即将电压、电流等模拟量转换为相应的数字量。

115. 什么是计量芯片？有何功能?

答：从理论上来说，电子元件越少其稳定性及可靠性就越高。要使电子式电能表成批量生产，就需要将上述原理框图的电子元件尽可能集成，这样就形成了计量芯片。计量芯片的主要功能是用于计量，是电子式电能表的核心部件。计量芯片的出现使单相电子式电能表的设计变得非常简单，只要在计量芯片外加一些简单的外围电路，就可形成一个电子式电能表。计量芯片的面世使电子式电能表得到了飞速发展。

116. 电子式电能表的电压采样器有哪几种?

答：(1) 电阻网络采样。采用电阻网络的最大优点是线性度好和成本低；缺点是无法实现电气隔离。

(2) 电压互感器（TV）。采用电压互感器的最大优点是可实现初级和次级的电气隔离，并可提高电能表的抗干扰能力，缺点是成本高。

117. 电子式电能表的电流采样器有哪几种?

答：(1) 锰铜片分流器。锰铜分流器和普通电源互感器相比，具有线性度好和温度系数小等优点。

(2) 电流互感器（TA）。采用普通（电磁）互感器的最大优点是电能表内主回路和二次回路、电压和电流回路可以隔离分开，实现供电主回路电源互感器二次侧不带强电，并可提高电子式电能表抗干扰能力。

118. 单片机的通信方式分哪几种？

答：单片机的通信方式分为串行和并行通信两种，前者接线简单、距离长、但速度慢；后者接线多、通信距离短、速度快。由于单片机资源有限，且目前智能化电气设备都要求体积小、功耗低、通信距离长，因此单片机的串行通信方式越来越受到设计者的青睐。

119. 串行通信有哪几种模式？

答：串行通信按通信双方"握手"和数据传递时序分为全双工、半双工和单工三种模式。

全双工—信号的发送和接收分别使用不同传输线并且可同时实现发送和接收的操作模式，如图 2-6（a）所示。半双工—信号的发送和接收采用一根线，在同一时刻只能一方发送，另一方接收，这样的通信模式称为半双工，如图 2-6（b）所示。单工—一根传输线只能发送或只能接收的通信模式，如图 2-6（c）所示。

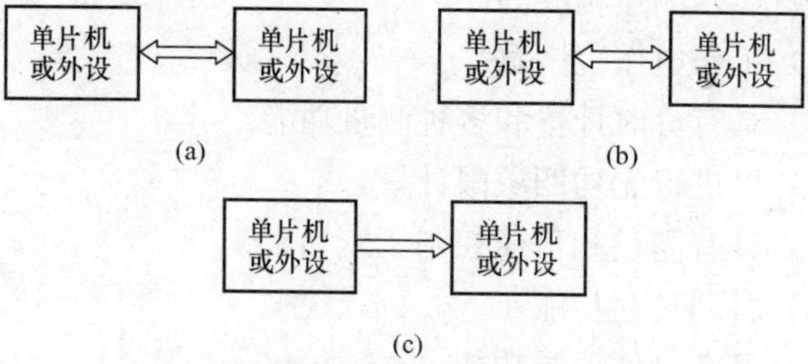

图 2-6 串行通信的三种模式示意图

（a）全双工通信模式；（b）半双工通信模式；（c）单工通信模式

120. 电子式标准电能表的 24h 变差指的是什么？

答：电子式标准电能表在参比条件下，测定 $\cos\varphi=1.0$ 和 $\cos\varphi=0.5$ 的基本误差后，放置 24h，然后在参比条件下，再次测定其基本误差，测定的结果除应满足该等级规定的误差限范围，并且基本误差改变量的绝对值（%）不得超过该电能表基本误差限绝对值的1/5。

121. 单相电子表计量方式是怎样的？

答：一般单相电子表将正、反向电量都计入正向电量，防止改变进出线方式进行窃电。

122. 一般情况下单相全电子表、三相全电子表分别采用何种电源降压回路？

答：一般情况下单相全电子表采用阻容降压方式，三相全电子表采用变压器降压方式。

123. 什么是多功能电能表？

答：多功能电能表是指由测量单元和数据处理单元等组成，除计量有功（无功）电能量外，还具有分时、测量需量等两种以上功能，并能显示、储存和输出数据的电能表。

124. 三相全电子多功能表有哪些主要特点？

答：（1）测量精度高。

（2）工作电压范围宽。

（3）具有分时计量和多种测量功能。

（4）可进行无功四象限计量。

（5）具有需量和负荷控制。

（6）自动转存功能。

（7）具有事件记录功能。

（8）供电质量监测功能。

（9）防窃电功能。

（10）远程抄表功能。

（11）其他，如加强型计量保护功能，液晶显示可编程等。

125. 三相多功能表的工作原理是什么？

答：交流采样式三相多功能电能表由测量单元和数据处理

单元，以及通信接口等组成，除计量并显示有功、无功电能量和电压、电流、功率、功率因数、频率等；电量参数外，还具有分时计量、测量需量等功能，并能显示、存储和输出数据。三相多功能电能表工作时，电压信号和电流信号经过取样电路分别取样后，由 A/D 数模转换器转化为数字信号，经过数据处理器 DSP 处理后，给出电量及相关电参数，有功功率为单位周期内电压与电流乘积对时间积分的平均值，专门电路将电压脉冲延时 5ms，相同于电压相量后移 90°；单位周期内电压与电流乘积对时间积分的平均值为无功功率，有功功率和无功功率对时间的积分则为有功电能和无功电能。CPU 读取数据处理器 DSP 的相关参数，并根据预先设定的时段完成分时有功电能计量、无功电能计量和最大需量计量功能，根据需要显示各项数据、通过红外或 RS-485 接口进行通信传输，并完成运行参数的监测，记录存储各种数据等。三相多功能表的工作原理如图 2-7 所示。

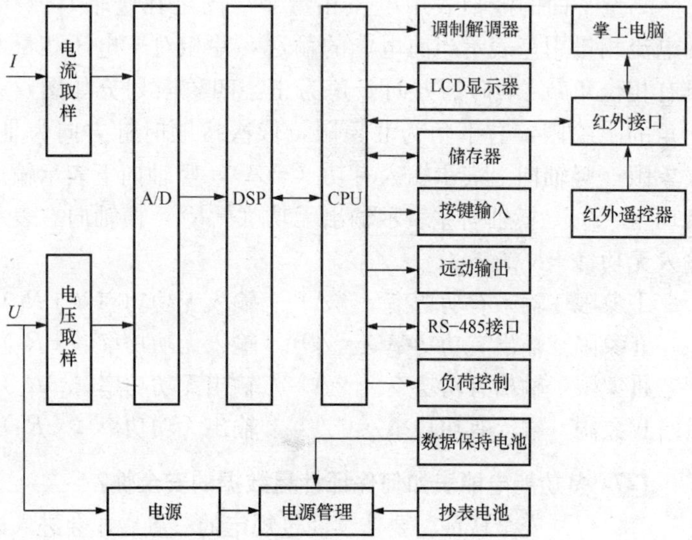

图 2-7　三相多功能表的工作原理图

126. 四象限无功的含义是什么？

答：对无功电能测量四象限的定义，如图 2－8 所示。

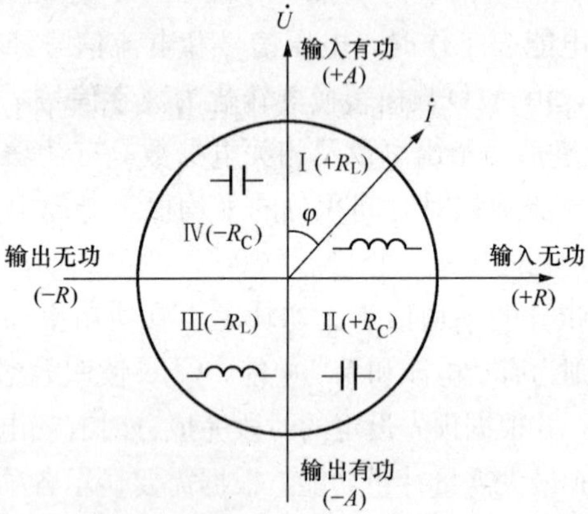

图 2－8　电能测量四象限的定义

测量平面的竖轴表示电压相量 U（固定在竖轴），瞬时的电流相量用来表示当前电能的输送，并相对于电压相量 U 具有相位角 φ。顺时针方向 φ 角为正。四象限划分如图，右上角的Ⅰ象限，右下角为Ⅱ象限，依次按顺时针方向为Ⅲ、Ⅳ象限。竖轴向上表示输入有功（$+A$），竖轴向下表示输出有功（$-A$），横轴向左表示输出无功（$-R$），横轴向右表示输入无功（$+R$）。

Ⅰ象限　输入有功功率（$+A$）　输入无功功率（$+R_L$）
Ⅱ象限　输出有功功率（$-A$）　输入无功功率（$+R_C$）
Ⅲ象限　输出有功功率（$-A$）　输出无功功率（$-R_L$）
Ⅳ象限　输入有功功率（$+A$）　输出无功功率（$-R_C$）

127. 多功能电能表如何保证计量数据的安全性？

答：（1）安全认证，要连续经过规定的三点后才会进入试验室状态。

（2）二级密码保护，低级密码、高级密码。

（3）硬件编程开关，要开启封印后才能打开硬件编程开关。

（4）采用专用电池保证数据在停电状态下不丢失。

128. 一只多功能电能表，反向电量有哪四种显示方式？

答：反向电量有四种显示方式：

（1）反向电量计入正向电量中，显示总电量，同时反向总电量单独计量并显示。

（2）反向电量计入正向电量中，显示总电量，同时反向总电量单独计量，不显示。

（3）反向、正向电量单独显示，反向总电量显示。

（4）反向、正向电量单独显示，反向总电量不显示。

129. 多功能电能表常用的通信方式有哪几种？

答：（1）近红外通信，即接触式光学接口方式。

（2）远红外通信，即调制型红外光接口方式。

（3）RS-485 通信，即 RS-485 标准串行电气接口方式。

（4）无线通信，如 GPRS、GSM 等通过无线网络的通信方式。

130. 电子式电能表为什么会出现“飞走”现象？

答：电子式电能表是由采样电路采样，经乘法器相乘，再由 U/f 转换器转换成脉冲，累计的脉冲经常熟换算后得到电量，在这过程中都是数字计算，任一环节出故障，得到的就会偏差很大，就可能引起脉冲计数偏差很大，造成“飞走”现象。

131. 电子式电能表的时钟回路有哪几种实现方式？

答：（1）机械钟，其工作过程类似于机械手表，完全通过齿轮的传动，产生时间信号。

（2）由时钟芯片，锂电池等器件构成的时钟回路，产生时间信号。

（3）利用单片机程序通过对单片机内部或外部定时中断的计数，计算出实时时间。

上述三种方式中，目前应用最广泛也最流行的是第二种方式。该种方式在线路板设计时又有两种存在方式：

（1）独立于 CPU 控制芯片。

（2）与 CPU 控制芯片封装在一起，但工作回路与 CPU 独立。

132. 电子式多费率电能表的显示器有哪几类？各有什么优缺点？

答：多费率电能表的显示器有三种：LED 数码管显示、LCD 液晶显示、FIP 荧光数码管显示。

LED 数码管显示器的优点是：响应速度快，使用温度的范围较大，视角大，使用寿命长。缺点是：功耗大。

LCD 液晶显示器的优点是：功耗小。缺点是：在高、低温条件下使用寿命将明显缩短，而且视角小，不可受强光直射，潮湿的环境也会使液晶显示器表面电阻降低，造成显示不正常。

FIP 荧光数码管显示的字形漂亮，但功耗大，使用寿命较短，一般很少使用。

133. 什么是预付费电能表？

答：预付费电能表是在能正确计量电能的基础上，具有了控制用户先付费后用电，并且具有一旦用电过量即能断电功能的电能表。

134. 单相 IC 卡式预付费电能表的工作原理是什么？

答：单相电卡表由三个主要功能块组成：一是电能计量部

分（ADE7755 部分）；二是跳合闸部分；三是微处理器控制部分。电能计量部分使用专用集成电路，该电路产生表示用电多少的脉冲序列，送至微处理器进行电能计量；微处理器通过电卡接口与电能卡（CPU 卡）传递资料，控制跳合闸部分，实现各种功能，如图 2-9 所示。

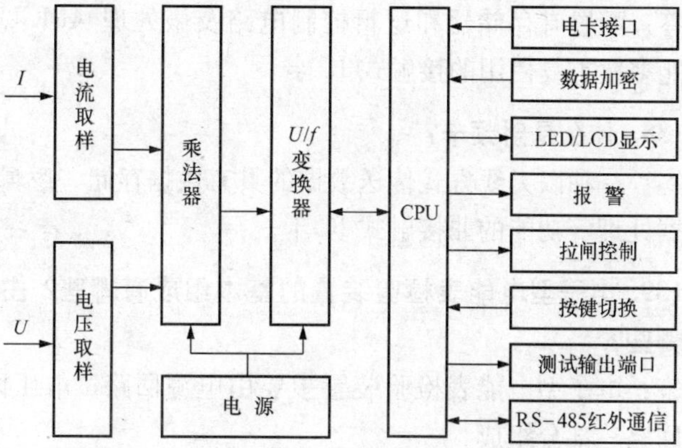

图 2-9 单相 IC 卡式预付费电能表方框图

135. 按使用介质的不同预付费电能表目前有哪几种类型？

答：按使用介质的不同，预付费电能表可分为投币式预付费电能表、磁卡式预付费电能表、电卡式预付费电能表、IC 卡式预付费电能表、射频卡式预付费电能表。

136. IC 卡式预付费电能表有何优点？

答：IC 卡电能表是目前预付费电能表中使用最广的一种。因为 IC 卡具有众多优点：

（1）抗破坏性强、耐用性高。IC 卡通过芯片存贮信息，先进的芯片制作工艺完全可以保证卡的抗磁性、抗静电及各种射线能力。而且 IC 卡信息可常久保存，读写又方便，读写次数高达 10 万次以上。

（2）存贮容量高，加密性强。

（3）相关设备成本不高。IC卡本身为一个可以携带的数字电路，读写只需一个供插卡的卡座就行，而且很多信息可直接存放在IC卡上，对系统网络、软件设计要求都不高。

137. 什么是CPU卡？

答：配置有存储器和逻辑控制电路及微处理（MCU）电路，能多次重复使用的接触式IC卡。

138. 什么是射频卡？

答：一种以无线方式传送数据的具有数据存储、逻辑控制和数据处理等功能的非接触式IC卡。

139. 电子型电能表检验装置的基本组成有哪些？主要设备有哪些？

答：电子型电能表检验装置主要由电源回路、电压回路、电流回路三部分组成。

（1）电源回路主要设备有：变压器、整流器、稳压器等。

（2）电压回路主要设备有：信号源、电压功放、阻抗变换器、升压器、标准电压互感器、电压采样变压器、电压反馈电路及一些继电器等。

（3）电流回路主要设备有：信号源、电流功放、阻抗变换器、电流发生器、标准电流互感器、电流采样变压器、电流反馈电路及一些继电器和交流接触器等。

140. 电子式电能表中的空载阀值是何含义？

答：大多数计量芯片都包括一个空载阀值的特性，它具有防潜动功能。空载“阀值”其实是设定的一个脉冲输出的最小频率。当负载产生的脉冲，其输出频率低于这个最小频率时，计量芯片的引脚没有脉冲输出，电能表不记录电能。

通常空载阀值所等效的负载电流，远远小于国家标准规定的启动电流，这也就是为什么说电子表比机械表灵敏的原因。

141. 为什么电子式标准电能表的测量方式大多采用热电转换型或时分割乘法器型?

答：热电转换型和时分割乘法器型具有精度高、成本低、启动电流小、电磁兼容性好、外磁场影响小等特点。尤其是热电转换型的电能表，在很低的功率因数和带有很大波形畸变的电路中测量精确，而时分割乘法器型则具有较低的温度漂移和时间漂移。因此大多数标准电能表的测量方式采用热电转换型或时分割乘法器型。

142. 电子式电能表用于检验采样的无源脉冲输出有几种?

答：(1) 光电耦合方式输出。

(2) 继电器触点式输出。

143. 脉冲电能表光电采样脉冲信号发生电路的基本原理是什么?

答：光电转换装置是由发光管和光敏三极管组成。当输入端，加入电信号时，发光二极管发光，照到光敏三极管上。由于光敏效应，使三极管导通而有输出电流，输入信号和输出信号彼此在电气上是隔离的。

通常实现方式是在电能表的圆盘上开有一定数量的小孔或在转轴上安装几片叶片，当圆盘转动时，小孔或叶片也随之转动。当小孔或叶片间隙转到对准发光源时，光束透过小孔或间隙照射到受光元件上，光敏三极管导通，有输出电流；当小孔转过以后，光束被遮挡，光敏三极管截止，无输出电流。因此，通过透光和遮光两个状态，变换着受光元件——光敏三极管的工作状态，因而控制了输出电流信号的有和无，这就形成了脉冲信号。电能表圆盘转动得快，发出的脉冲数多；电能表圆盘转动得慢，发出的脉冲数少。脉冲数量和圆盘的转速成正比，即和负载功率成正比。

144. 脉冲电能表中，有源脉冲输出与无源脉冲输出有何不同?

答：有源脉冲输出即电能表的脉冲信号发生电路的工作电源置于表内，脉冲的产生和输出不依赖于该表工作电源之外的任何其他电源，能直接通过脉冲信号发生电路输出相应的脉冲信号。

有源脉冲输出的信号幅值是固定的，通常要求高电平不得低于0.9V，低电平不得高于0.9V。无源脉冲输出必须外加直流工作电源及上接电阻或下拉电阻，才能输出脉冲信号。其脉冲信号幅值取决于外加的直流工作电源和电阻。

145. 计度器芯片的作用和工作条件各是什么?

答：计度器芯片主要是接受CPU走字脉冲，驱动步进电机走字。它和CPU有三条信号线相连，其中二条分别接受平、谷脉冲，另一条用于控制计度器芯片，使计度器正走或倒走，计度器芯片在直流＋5V电压状态下正常工作。

146. 掌上机与电能表的通信过程是怎样的?

答：掌上机通过红外通信口对电能表发出指令，电能表的接收管收到指令后，通过光电耦合原理，把红外信号变为CPU可处理的数字信号，CPU执行这些指令，同时在相应的引脚发出高电平，使通信指示灯常亮，维持时间为30s，并且通过发射管把所需要传回的数据传送回掌上机。

对于全电子电能表还可以通过RS-485通信口进行通信。掌上机通过转接线把其内部RS-232的数据格式的信号转换为RS-485格式的信号，传输给表内RS-485芯片，此芯片再把信号转换为CPU可处理的信号。

在 RS-485 通信方式中，CPU 对通信指示灯的处理和使用红外通信一样。CPU 用 RS-485 通信口传出数据时，按原路返回。CPU 把数据传给 RS-485 芯片，再通过转接线上的芯片转换成 RS-232 格式数据输入掌上机。

147. 时钟芯片的作用是什么？

答：时钟芯片主要是为 CPU 提供准确的时间，以使 CPU 判断当前所处的时段。

时钟芯片与 CPU 有两条信号线，分别让 CPU 读出时间和写入时间，时钟芯片与 CPU 的数据交换是时时刻刻在进行的，这样保证了 CPU 与时钟芯片在时间上的一致性。

第二节 技术要求

148. LCD 液晶显示器使用过程中要注意什么？

答：液晶显示器使用过程中应注意如下几个问题：

(1) 避免强烈振动和机械划伤。

(2) 保持导电橡胶的清洁，防止其接触不良。

(3) 避免高低温储存，适宜温度为 25±5℃，相对湿度应小于 60%。

(4) 避免强光直射、避开强电磁场。

(5) 不允许液晶显示器过热引脚悬空，焊接时间不能超过 3s。

149. RS-485 接口芯片在使用时应注意哪些事项？

答：(1) RS-485 接口芯片在使用、焊接或设备运输途中有可能受到静电冲击而损坏，或招致雷电袭击，选用抗静电或抗雷击芯片可有效避免此类损失。

(2) 为防止信号在传输过程中，有效信号和无效信号相互叠加而影响通信，应选用驱动器为限斜率方式设计的芯片。

（3）选用带故障保护的芯片，它会在总线开路、短路和空闲情况下，使接收器输出为高电平，保障通信。

（4）可在软件上作一些处理，使所有节点的接收器产生高电平输出，从而避免通信异常。

（5）将系统电源和 RS-485 收发器的电源隔离。

150. 什么是多功能表的安全认证？有何规定？

答：多功能电能表进入实验室状态才能修改相关表计内存数据，进入实验室状态需做的步骤就是安全认证。进入实验室状态需要连续经过三点：（$\cos\theta=1.0$，I_b），（$\cos\theta=1.0$，$0.1I_b$）以及（$\cos\theta=0.5L$，I_b），电压为额定电压（误差不大于 3%）；电流误差不大于 3%，功率因数误差不大于 0.05。每点需要 3～4个脉冲，并且每个检定点的检定时间大于 10s，加载时无顺序要求。检定点与检定点之间允许电源掉电、允许空载（电流小于启动电流）运行。电流由零上升到检定点的过渡时间不大于 3s，三个检定点必须在 30min 内完成才能进入实验室状态。进入实验室状态后 48h 有效。

151. RS-485 接口的电气特性是怎样的？

答：RS-485 是 RS-422A 的变型，它的双向半双工采用一对平衡差分信号线；它允许并联 32 台驱动器和 32 台接收器；其传输速率最高为 10Mbit/s，最大电缆长度为 1200m。

152. 单相 1.0 级和 2.0 级静止式电能表的功率损耗有何技术要求？

答：对单相 1.0 级和 2.0 级静止式电能表的功率损耗的技术要求是指当电流线圈中无电流时，在额定电压及额定频率下，电能表电压线路中，所消耗的功率不应超过 2W 和 10VA。

153. 单相电子式电能表中分流器阻值一般为多少？

答：单相电子式电能表中大多采用锰铜分流器，其阻值一般在 350μΩ 左右。

154. 三相全电子多功能表一般应具有哪些功能？

答：一般应具有电能计量、费率和时段、需量、事件记录、存贮数据、实时工况测量、脉冲输出与通信接口、抄表、编程等功能，具体功能要求如下：

（1）电能计量功能：应能计量正、反向有功总和各分时段电量，四象限无功按照 DL/T 645—2007《多功能电能表通信规约》定义。

（2）费率和时段：支持尖峰、峰、平、谷四种费率，不少于 4 个时段表，每个时段表不少于 10 个时段，时段最小间隔为 15min，时段可跨越零点。任意时段的起始及终止的实际时间和预置时间误差应不超过 5s。全年支持设置 4 个及以上时区。支持节假日和公休日时段。

（3）需量：①需量支持区间式和滑差式；②能记录正、反向有功需量及发生时间。

（4）结算日设置：电能量数据冻结转存日可以任意设置（指定日的零时），缺省设置为每月 1 日零时。

（5）存贮功能：按结算日贮存电量、需量及发生时间等数据，保存至少 3 个月以上的历史数据。

（6）校表脉冲输出功能：具有独立的校表脉冲输出，采用无源光电隔离型 OC 门输出端口，脉冲宽度为 80ms±20ms；波形为方波。

（7）通信接口功能：

1）红外通信和 RS-485 通信在物理层必须独立，一种通信信道的损坏不得影响另一信道。通信波特率：1200bps，半双工，按照 DL/T 645—1997 标准执行。命令帧的响应时间在20～500ms。

2）红外通信接口：通信距离：≥5m，通信角度：≥±15°。

3）RS-485 通信接口：为保护电表，RS-485 通信接口必须和电表内部电路实行电气隔离，并有失效保护电路（能承受AC220V 攻击，持续时间 2min 不损坏）。

4）通信规约应符合 DL/T 645—1997《多功能电能表通信规约》，支持广播地址抄表。电能表通信地址为 DL/T 645—1997 的表号，为需方提供的局号数字部分。

（8）时钟功能：

1）表内的时钟必须采用硬件时钟电路，内置时钟具有日历、计时和闰年自动切换功能。时钟在任何干扰下不得走飞。

2）采用绿色环保锂电池作为时钟备用电源，引脚采用针焊式，断电后至少可连续提供内置时钟正常工作 5a，容量不小于 1.2Ah，在产品寿命周期内，无须更换。电池电压不足时，电表给予报警提示信号。

（9）停电显示功能：

1）外部电源失电后，由独立的停电抄表用环保柱式锂电池支持 LCD 停电显示，该电池应在不开启表盖的情况下方便的更换。

2）可用按键和红外掌机（发任意字符 3～5s）唤醒液晶显示，唤醒后无操作时，循环显示所有项目后关闭。

（10）显示功能：

1）信息采用 LCD 显示方式，显示带背光功能，背光颜色为白色。在正常使用条件下，LCD 寿命大于 10a。液晶显示无电量时，高位应显示“0”。电量显示整数 6 位，小数 2 位，所有 8 位全部必须显示（包括高位显“0”）。应使用高对比度、宽视角（视线垂直于液晶屏正面，上下视角宜大于水平

±60°）、宽温度液晶（-30～+80℃），液晶的偏振片应具有防紫外线功能。

2）可分别设置循环显示和按键显示。循环显示周期可以灵活设置。

3）常用项目，必须有相应的中文或符号显示。每个显示项目应有显示编号，当显示项目作为循环显示和按键显示项目时，显示编号可由用户自定义成任意值，编号要求有3位。

4）在电池欠压、密码错误、编程状态、实验室状态、电表故障、通信等可以显示相应的符号。

5）电能表应能指示当前运行的费率、当前运行的象限。

（11）具有报警功能：能对一些主要事件如失压、电池欠压，硬件故障等设置报警。

（12）事件记录功能：所有事件记录的发生和结束时间均应带有年标。

1）失压事件：当发生符合失压的判断条件（即电压小于、电流大于设定的失压判断阀值）时，表计应能正确判断失压，经延时（可设）后记录失压事件。并能设置失压恢复阀值。记录内容至少应包括：失压相相别、发生和结束日期和时间、该次失压期间正常相记录的正、反向有无功电量，记录不得少于10次，失压记录以发生时间排序，发生时间最近，即为最近一次记录；总和各分相的失压次数、累计时间，失压期间正常相记录的正、反向有无功电量。

2）编程事件：发生编程时，应至少记录：编程日期、时间、编程项的数据编码，记录不少于10次，编程记录以发生时间排序，发生时间最近，即为最近一次记录；记录所有与电量结算有关项目的编程日期、时间，编程前内容，记录不得少于3次。

155. 三相全电子多功能表功耗有什么规定？功耗试验有什么规定？

答：（1）电压线路功耗：在参比温度、参比频率和三相电压等于额定值的条件下，每一电压线路的有功功率和视在功率消耗1.5W、6VA。

（2）电流线路功耗：在基本电流、参比温度和参比频率下，电能表基本电流小于10A时每一电流线路的视在功率消耗不应超过0.2VA，电能表基本电流大于或等于10A时每一电流线路的视在功率消耗不应超过0.4VA。

（3）功耗试验应在正常工作条件下进行，即通以三相参比电压、基本电流，显示器应在全显状态。电压线路的有功功耗宜用低功率因数瓦特表测量，电压线路的视在功耗宜用高内阻伏安表测量，电流线路视在功耗宜用伏安法测量，测量的准确度应优于5%。

156. 对三相全电子多功能表的通信有什么要求？

答：电能表至少应具有1个红外通信接口和1个RS-485通信接口。红外和RS-485接口的物理层必须独立，一个通信接口的损坏不得影响其他接口正常通信；另外，对通信接口和电能表内部电路必须实行光电隔离，并有失效保护电路。

RS-485接口通信波特率可灵活设置，标准速率为1200bps、2400bps、4800bps、9600bps，缺省为2400bps。

电能表使用RS-485、红外等通信接口进行通信时，应遵循底层通信协议DL/T 645—2007的规定，增补部分按《多功能电能表通信协议》备案文件执行，其波特率等通信技术性能满足DL/T 645—2007有关要求。

157. 多功能电能表对承受短时过电流有什么要求？

答：多功能电能表应能承受额定频率的半个周期的$20I_{max}$

的短时过电流而不损坏。当回到初始工作条件时，电能表的信息不应改变并正确工作，且在额定电流和功率因数为 1.0 时的电能表误差改变量不应超过 0.5%。

158. 多功能电能表的日计时误差和时段投切误差应为多少?

答：多功能电能表的日计时误差应不超过 0.5s/d，时段投切误差应不大于 5min。

159. 什么是多功能电能表的时段投切误差？应如何测定?

答：多功能电能表任一预置时段起始或终止时间与实际时间的差值称为时段投切误差。确定时段投切误差至少应检验两个时段。在预置时段内用标准时钟或电台报时信号，所得的实际起始（或终止）时间 t_0，与预置时段起始（或终止）时间 t 比较，即得时段投切误差：$\Delta t = t - t_0$。JJG 596—1999《电子式电能表检定规程》规定多功能电能表时段投切误差应不大于 5min（写清楚允许误差值是多少，如何累计，在计量标准中有规定)。

160. 电能表对硬件故障监视时，如果液晶屏上出现 Err1000、Err0100、Err0010、Err0001，分别表示什么?

答：液晶屏上出现“Err1000”显示表示 A/D 损坏。

液晶屏上出现“Err0100”显示表示内卡损坏。

液晶屏上出现“Err0010”显示表示时钟损坏。

液晶屏上出现“Err0001”显示表示电池超过六年。

161. 多功能电能表液晶屏上显示电压、电流表示什么?

答：(1) 在电压正常时，液晶屏显示 U_a、U_b、U_c；当某相断相 ($U<70\%U_n$) 时，相应所对应的 U_a、U_b、U_c 相别显示消失。

(2) 在电流正常时，液晶屏显示 I_a、I_b、I_c；当某相反相时，相应 I_a、I_b、I_c 出现负号，表示对应相别电流反极性；当某相失流（$I<\pm1\% I_n$ 或 $W<\pm1\% W_n$）时，相应 I_a、I_b、I_c 所对应的相别显示消失。

162. 多功能电能表经过安全认证后，可修改哪些数据？

答：进入实验室状态后，闭合编程开关，验证高级密码方可进行电量清零，需量复位，失压、失流事件清零，电池工作时间清零，有功计量方式设置等；验证普通级密码或高级密码可进行时区及特定日设置，时段设置，主副费率切换，错峰定值，错峰时段，主副错峰切换设置，时钟设置和密码修改等设置。

163. 电子电能表外部检查时，发现哪些缺陷不予检定？

答：外部检查时发现下列缺陷不予检定：标志不完整，字迹不清楚，易被擦掉；表壳损坏，颜色不够完好；玻璃窗模糊，固定不牢或破裂；端钮盒固定不牢或损坏，固定表盖的螺丝不完好或缺少等；没有防止非授权人输入数据或开表操作的措施。

164. 受检电能表上的标志有什么规定？

答：受检电能表上的标志应符合国家标准或有关技术标准的规定，至少应包括以下内容：制造厂名、计量器具制造许可证标记及编号、出厂编号、准确度等级、脉冲常数、额定电压、基本电流及额定最大电流。

165. 电能表走字试验项目的校核和检查内容有哪些？

答：进行走字试验校核和检查的项目有：

（1）基本误差测定中的差错。

（2）计度器传动与进位是否正常。

（3）电能表常数和倍率是否正确。

166. 电子式标准电能表校验时，停止试验是如何规定的？

答：标准电能表开始并累计计数后，用控制脉冲或切断电压使它停止计数，显示数字应保持3s不变化。

167. 判断电能表的启动试验是否合格有几种方法？

答：判断电能表的启动试验是否合格，总的技术要求是在参比电压、参比频率及功率因数为1的条件下，通以规定的负载电流，感应式电能表圆盘应连续转动且在规定时限内不少于1r，电子式电能表应有连续脉冲输出。

对于不同的电能表可以有不同的方法来进行试验：

(1) 捕捉黑标。通过启动定标将电能表圆盘控制在同一起始位置，然后按规定要求进行试验，根据圆盘再次转到初始位置所用的时间来判断启动试验是否合格。

(2) 脉冲信号法即采样电能表脉冲端钮的输出信号。通常有两种方法：

1) 脉冲计数。在启动试验规定的时间内，将采样的脉冲个数设置相比较，来判断启动试验是否合格。

2) 误差法。在启动试验规定的时间内，观察是否有误差显示。在无任何干扰的情况下，显示误差的电能表，启动试验合格，此方法适用于电子式电能表。

168. 电子式电能表为何要校核常数？

答：电子式电能表进行常数校核主要看端钮脉冲输出数量（保持电量最小分辨率的整数倍）与内存电量的改变、计度器电量的变化和铭牌标志是否相符，为了提高可靠性，应尽量多走些字。

考虑到不同的控制主板对掉电时脉冲信号的处理方式不同。如线路掉电时，累积的脉冲数不到计度器最小分辨率，有些电能表主板将这些电量脉冲丢失，有些则是记存起来，当再次上电时，再参与累积。因此，在进行电子式电能表的常数校核前，先让计度器（包括电子计度器）末位数字翻转一个字。

169. 安装式电子式电能表校核计度器示数有哪几种方法?

答：有三种方法：

（1）计读脉冲法。安装式电能表在参比电压下，通以额定最大电流，功率因数为1.0，当显示器改变0.1kWh时（无小数位时为1kWh），输出脉冲数 N 应和式（2-1）计算值相同（允许有1个脉冲的误差）。

$$N = bc \tag{2-1}$$

式中 b——显示器有小数位时 $b=0.1$，无小数位时 $b=1$；

c——电能表常数，imp/kWh。

（2）走字试验法。周期检定时，对标志完全相同的一批电能表，可在确定基本误差之后一起校核计度器示数。首先选用两只误差较稳定的电能表作为参照表，再将各表的同相电流线路串联，电压线路并联，加额定最大负载。当计度器末位改变不少于10个数字时，参照表与其他表的示数［通电前后示值之差应符合式（2-2）要求］。

$$r = [(D_i - D_0)/D_0] \times 100 + R_0 \leqslant 1.5\text{倍基本误差限} \tag{2-2}$$

式中 D_0——两只参照表示数的平均值；

R_0——两只参照表相对误差的平均值，%；

D_i——第 i 只被检电电能表的示数（$i=1, 2, 3, \cdots, n$）。

（3）标准表法。对标志完全相同的一批电能表，可用一台标准电能表校核计度器示数。将各被检表与标准表的同相电流线路串联，电压线路并联，加额定最大负载运行一段时间。停止运行后，按式（2-3）计算每个被检表的误差 r（%），要求 r（%）不超过基本误差限。

$$r = [(W' - W)/W]100 + r_0 \tag{2-3}$$

式中 r_0——标准表的已定系统误差；

W'——每台被检表停止运行与运行前示值之差，kWh；

W——标准电能表显示的电能值（换算成 kWh）。

在此要使标准表与被检表同步运行，运行的时间要足够长，以使得被检表计度器末位一个字（或最小分格）代表的电能值与所记录的 W'之比（%）不大于被检表等级值的 1/100。若标准电能表显示位数不够多，可用计数器记录标准表的输出脉冲数 m。若标准表经外配电流、电压互感器接入，则 W 要乘以电流、电压互感器的变比 K_I、K_U。

170. 电子式电能表的启动试验、潜动试验、停止试验各采用何种方法?

答：根据 JJG 596—1999《电子式电能表》的规定：

（1）启动试验：单相标准电能表和安装式电能表，在参比电压、参比频率和功率因数为 1 的条件下，负载电流升到规定值后，标准电能表应启动并连续累计计数，安装式电能表应有脉冲输出或代表电能输出的指示灯闪烁。

如果电能表用于测量双向电能，则将电流线路反接，重复上述步骤。

（2）潜动试验：电压回路加“参比”电压（三相电能表加对称的三相参比电压），电流回路无电流时，安装式电能表在启动电流下产生 1 个脉冲的 10 倍时间内，输出不得多于 1 个脉冲。

（3）停止试验：标准电能表加启动电流并累计计数后，用控制脉冲或切断电压使它停止计数，显示数字应保持 3s 不变化。

171. 安装式电子式电能表的检定项目有哪些?

答：（1）工频耐压试验。

（2）直观检查和通电检查。

（3）启动、潜动试验。

（4）校核计度器示数。

（5）确定电能测量基本误差。

（6）确定电能测量标准偏差估计值。

（7）确定日计时误差和时段投切误差。

（8）确定需量误差。

（9）确定需量周期误差。

172. 标准电能表检定项目有哪些?

答：（1）工频耐压和绝缘电阻试验。

（2）直观检查和通电检查。

（3）启动和停止试验。

（4）确定基本误差。

（5）确定标准偏差估计值。

（6）确定 24h 变差（在必要时做）。

（7）确定 8h 连续工作基本误差改变量（在必要时做）。

173. 标准电能表的绝缘电阻有什么规定?

答：标准电能表在允许使用的温度范围内，在相对湿度不大于 80％的条件下，输入端子和辅助电源端子对机壳（或同机壳相连的接地端子），输入端子对辅助电源端子的绝缘电阻应不低于 100MΩ。

174. 按国家检定规程要求，检定 0.5 级电子式电能表基本误差时，应满足哪些条件?

答：（1）环境温度对标准值（20℃）的偏差为±2℃。

（2）电压对额定值的偏差±0.5％。

（3）频率对额定值的偏差±0.5％。

（4）波形畸变系数不大于 2％。

(5) 参比频率下的外部磁感应强度不大于0.025mT。

(6) 相对温度在60%±15%范围内。

(7) $\cos\varphi$ 相对规定值的偏差为±0.01。

175. 全电子式有功电能表的启动电流值是如何规定的?

答:对于全电子式有功电能表,当负载电流不超过表2-2规定时,电能表应启动并连续记录。

表2-2 全电子式有功电能表的启动电流值

等级	0.1、0.2、0.5	1	2
启动电流值	$0.001I_b$	$0.004I_b$ ($0.002I_b$)	$0.005I_b$ ($0.003I_b$)

注:( ) 内数据适用于互感器接入式电能表;I_b 为标定电流。

176. 用光电脉冲法检定时,被检电能表转数的选定原则是什么?

答:用光电脉冲法检定电度表时,标准表和被检表都在不停地转动,用被检表转一定转数,测定与标准表转数成正比的脉冲数以确定被检表误差。可见光电脉冲法没有人为的控制误差和估读误差,但是标准表发出的脉冲通过受被检表转数控制的"与门"进入计数电路,可能产生±1个脉冲的高频误差。为使这一误差被忽略,应选被检表转数 N 多一些,但考虑到检验效率又不能将 N 选择的太多,一般来说,N 按式(2-4)选定。

$$\text{预置脉冲数}\ m_0 = \frac{C_M N}{C K_I K_U} \tag{2-4}$$

式中 K_I、K_U——电流、电压互感器变比;

C_M——标准电能表的脉冲常数;

C——被检电能表常数。

即使通过 N 计算出的脉冲预置数 m_0 不低于规程所规定的

该级别被检电能表预置脉冲数的下限值。如2级被检电能表，预置脉冲数的下限值为2000个。

177. 对电子式电能表为什么要进行电磁兼容性试验?

答：电子式电能表（包括机电式电能表）采用了敏感的电子元器件，由于其小型化、低功耗、高速度的要求，使得电表在严酷的电磁环境下遭受损害或失效的机会大了，严重的可造成设备事故。另一方面，电表在运行时会对周围环境电磁骚扰，可能干扰公共安全和通信设备的工作，影响百姓的文化生活。因此为了保证电能计量的准确、可靠，有必要对电子式电能表进行电磁兼容性试验。

178. 为什么要对电子式电能表进行浪涌抗扰度试验?

答：电能表在不同环境与安装条件下可能遇到雷击、供电系统开关切换、电网故障等，造成的电压和电流浪涌可能使电表工作异常甚至损坏。浪涌抗扰度试验可评定电能表在遭受高能量脉冲干扰时的抗干扰能力。

179. 浪涌抗扰度试验对电子式电能表会产生哪些影响?

答：浪涌抗扰度试验可能会损坏电能表的电源输入部分，缩短压敏电阻的使用寿命，损坏电子线路板上的元器件，影响计量准确度，程序出错，功能不正常等。

180. 为什么要对电子式电能表进行静电放电抗扰度试验?

答：静电问题与环境条件和使用场合有关。静电电荷尤其可能在干燥与使用人造纤维的环境中产生。静电放电则发生在带静电电荷的人体或物体的接触或靠近正常工作的电子设备的过程中，使设备中的敏感元件造成误动作，严重时甚至引起损坏。对电子式电能表进行静止放电抗扰度试验可以用来模拟操作人员或物体在接触电表时的放电及人或物体对邻近物体的放电，以评价电能表抵抗静电放电干扰的能力。

181. 静电放电抗扰度试验对电子式电能表会产生哪些影响?

答：静电放电抗扰度试验可能损坏电能表的元器件（如芯片、液晶、数码管等），出现多余电量，时钟复位、停走或走时不准，内存数据破坏，需量复位，功能不正常等。

182. 为什么要对电子式电能表进行电快速瞬变脉冲群抗扰度试验?

答：电子式电能表对来自继电器、接触器等电感性负载在切换和触点跳动时所产生的各种瞬时干扰较为敏感。这类干扰具有上升时间快、持续时间短、重复率高和能量较低的特点，耦合到电能表的电源线、控制线、信号线和通信线路时，虽然不会造成严重损坏，但会对电表造成骚扰，影响其正常工作，因此有必要对电子式电能表进行电快速瞬变脉冲群抗扰度试验。

183. 为什么要对电子式电能表进行高频电磁场抗扰度试验?

答：电磁辐射对大多数电子设备会产生影响，尤其是随着手提移动电话的普及，当使用人员离电子设备距离很近时，可产生强度达几十特斯拉的电磁场辐射，它对产品的干扰作用是很大的。为了评价电能表抵抗由无线电发送或其他设备发射连续波的辐射电磁能量的能力，有必要进行高频电磁场抗扰度试验。

184. 对电子式电能表进行高频电磁场抗扰度试验时施加的试验频率和场强是多少?

答：试验频率范围为80～1000MHz，场强为10V/m。

185. 为什么要规定电能表的功率消耗?

答：主要为了降低电能表损耗，达到降损节能。

186. 电子式电能表的误差来源是什么？

答：主要分布在电流采样器，电压采样器和模拟/数字乘法器三个部分。

187. 电子式电能表时钟基准一般采用什么方式？

答：（1）以电网频率为基准。

（2）以晶振为基准。

第三节 实际操作

188. 电子式计度器电能表常见故障一般有几种？

答：（1）死机：死机一般指电能表通电后没有任何反应，因为单相静止式电能表的核心技术都采用逻辑电路，因此并不存在程序飞掉的问题，事实上所谓死机大多由于以下原因：

1）电流、电压取样线，虚焊或断开。

2）电压分压电阻断裂。

3）脉冲线碰到强电而损坏光电耦合器件。

4）PCB 板上元件虚焊。

5）电能表元件烧毁。

（2）卡字：有时我们发现电能表的灯闪，但计度器不走，主要原因是：

1）倒拨卡字：电子表一般采用脉冲计度器，而计度器和步进电机之采用齿轮啮合方式，所以禁止快速拨动转轮。但由于电能表计度器不能倒转，当校验走字过头后往往不得不倒拨，一般只允许拨最后一位齿轮（不允许拨动任何鼓轮），否则容易出现“卡字”现象。

2）计度器的生产、设计有问题。

3）长期运行中老化或电能表密封不严，致使灰尘过多等。

（机械表有的是电子式计度器）

（3）无脉冲输出：有时电能器计度正常，但无脉冲输出，可能原因有：

1）脉冲线脱焊、断线。

2）脉冲线碰到强电引起三极管损坏以及 PCB 板线路烧断。

（4）当电压偏低时电能表计度器不进字，可能的原因有：

1）由于 PCB 板虚焊、短路造成所需供电电流偏大。

2）由于降压电容的质量问题，造成容量减少而提供不出足够电流。

3）由于过电压致使降压电容击穿，造成容量减少而提供足够电流。

（5）误差大幅度超差，电能过快或过慢，可能有以下几个原因：

1）由于锰铜连接片之间的焊接发生变化，导致电流采样值偏离，这一般都是人为的。

2）电压调整回路的焊接出现虚焊、短路。

3）电子元件的晶振坏，出现时序混乱。

189. 在三相四线线路中为什么不能将三只单相电子表当一只三相四线表计使用？

答：单相电子表将反向电量计入正向电量，在三相四线线路中，可能会出现一相功率潮流反向，比如单相 380V 电焊机，这时单相电子表就会将此反向电量计入正向电量，多计电量。所以不能将三只单相电子表当一只三相四线表计使用。

190. 三相电子表计量方式是如何设置的？

答：电子表表内可任意设置计量方式，但一般按以下设置：

（1）三相电能表（电子式计度器）测到的总功率为正时，三相采用代数和相加。总功率为负时，三相采用绝对值和相加。即当有一相电流反接时，将反向电能累加到正向电能中，同时另外存储反向电能。有两相电流反接或三相电流反接时，电量正常（同时存储反向电能）。

（2）三相电能表（电子式计度器）测到的总功率为正时；为每一相电量的代数和，当代数和小于0时，电能表停走。即当有一相电流反接时，只计一相电量；有两相电流反接或三相电流反接时，表计停走（三相负载平衡）。

191. 现场校验时电子式电能表超差或跳变可能是什么原因造成的?

答：造成这种情况的原因可能是：

（1）现场运行点在电能表，保证等级范围以外。如电流过大。

（2）现场校验仪与电能表功率校验接口不匹配。

（3）使用钳形电流串接现场校验仪，接触不良。

（4）现场电压、电流变化速度快，由于电能表与现场校验仪的反应速度不同，造成误差跳变。

（5）无功要注意由于算法不同引起的误差，因为在现场线路往往会不平衡。

（6）线路情况：如零线未接好等。

192. 多功能电能表时钟不准的原因有哪些?

答：可能是：

（1）电能表时钟故障，如果不进分钟或显示错误，为硬件故障。

（2）装表之前未校准时钟。

（3）装表时电表未通电之前电池被卸下，通电后未校准时钟。

(4) 现场干扰造成时钟脉冲混乱。

(5) 电能表电池用完。

193. 电子式电能表通电后无任何显示的原因有哪些?

答：电子式表通电后无任何显示可能的原因有：

(1) 开关未通或断线或熔丝断、接触不良。

(2) 整流器、稳压管或稳压集成块坏。

(3) 时控制板插头脱落或失去记忆功能。

(4) 电池电压不足。

194. 电子式电能表中，锂电池的使用一般应考虑哪些因素?

答：首先，锂电池的选择应考虑是否环保，是否适用于长期储备短时放电电流的产品，温度范围、使用寿命、电流容量。储备时的自放电率、电池电压、安全性能等是否满足要求。

其次，电能表中的锂电池大多为不可充电电池，在使用中反向电流必须控制在 10μA 以内，如果反向电流（充电电流）过大，会引起电池内电解液沸腾，从而可能使用电池漏液、发热甚至爆裂。

195. 电子式电能表在线路断电情况下如何保存数据? 如何保证时钟正常工作?

答：电子式电能表在外电网断电时，有些电表具有电源检测功能，一旦发现电源电压下降会自动将数据写入 E^2PROM，这种方式多用于单相电子式表。还有些电表则需靠后备电源系统维持大容量数据记录。而时钟则完全依靠后备电源系统维持其正常运行。常见的后备电源系统由 1 个储能电容和 1 节后备锂电池构成。储能电容可维持数据保存数小时，当其电压降低到不足以维持数据时，锂电池开始提供电源。当供电恢复后，储备电容可在几十秒内完成充电，又可作为短时后备电源维持数据和时钟运行。

196. 电子式电能表中时钟异常，对分时计量有何影响？

答：电子式电能表中的时钟是保证电表正确计量的重要因素之一，当时钟出现异常时，会造成分时计量的差错，主要有两种情况：

（1）电表时钟与标准时钟有偏差，将造成某一费率少计量，某一费率多计量，但总电量还是正确的。

（2）电表时钟信号错乱，如乱码等，CPU 无法判断该时钟属于何种费率时段。这时 CPU 对电量的处理因不同的设计而不同。大多数电表会将电量脉冲累加到某个费率中，或累加到总电量中。也有少数电表可能因时钟的异常造成电量的异常，即总电量的累加不正确，分时电量的累加也不正确。

197. 电子式多费率电能表的日计时误差为何要严格控制？

答：电子式电能表的时钟是控制费率切换的根本依据，时钟的准确性与否会直接影响到分时计量的准确性，其在电能计量中的地位不亚于基本误差。因此，对电子式电能表的检定，必须严格控制其日计时误差。

198. 单相电子式电能表的通信故障有哪些？相应的处理方法是什么？

答：电能表的通信故障主要表现在无法抄收。一般有两种情况：

（1）手掌机发出命令，且通信灯亮，但无法抄收到需要的数据。

（2）手掌机发出命令后，通信灯不亮，也抄收不到数据。

1）通信灯亮但无法抄收。通信灯亮说明电能表的 CPU 已经收到信号，手掌机没有抄收成功可能是手掌机的电源不足。目前使用的手掌机是北京振中公司出产的，该手掌机本身功耗较小，但在显示电能不足之前，手掌机的通信能力已经大大减弱，再加上电能表的通信能力各有差异，就会出现电能表收到信号，通信灯亮但无法抄收到数据的现象。

2）抄收命令发出通信灯不亮同时也无法抄收。

3）有些制造厂在设置表内存表号的过程中出错，铭牌上的表号与内存的表号不一致，无法进行红外抄收。外加交流电压时，CPU 并没有处于工作状态。CPU 的正常工作需要两个必要条件：①“晶振”提供给 CPU 工作频率，（一般为 3.75MHz）；②电表加有不低于 80%的额定电压。一般讲，由于电压下降造成手掌机无法抄收的情况极为罕见。大多是晶振没有立即起振，造成 CPU 未处在工作状态。其他造成无法抄收的原因不太常见，属于次要原因，如接收管的质量不可靠或接收管与 CPU 的焊接在工艺上不过关。

处理方法是：

通信问题的处理方法较为简单。只要避免人为因素，保证掌机的电源充足，铭牌与表内编号设置无误，焊接工艺过关，以及选取合格的晶振和红外管，就可以避免无法抄收的现象。

199. 单相电子式电能表运行时如果无负荷而有计量现象，可能存在的故障原因是什么？

答：有误脉冲输入 CPU，用示波器探针的钩子端接入＋端，夹子端接入一端，这时从示波器中观察到，接入电压而不加电流时，有乱、尖脉冲输出，从示波器可见到这些脉冲的幅度有时能达到 3.5V 左右，这就导致了内存电量的累加或计度器的走字现象。

200. 电子式电能表输出端钮无脉冲信号输出是什么原因？如何测试和排除？

答：在通电情况下，电能表电能输出端钮无脉冲信号输出，此时故障可能的原因有：

（1）CPU 损坏。

（2）输出光电耦合器件损坏。

（3）光电耦合器件输出未接拉高电阻。

首先用万用表的直流电压 5V 挡去测输出光电耦合器件的 4、5 两脚（红表棒接 5 脚，黑表棒接 4 脚），如测得为 0V，则输出未接入拉高电阻，只要在 5 脚与正电源间接入拉高电阻可排除故障。如测得电压约为 5V，则说明其输出接入了拉高电阻，则将发光二极管接入光电耦合器件的输出（+极对应 3 脚，一极对应 2 脚），如发光二极管发光，则说明光电耦合器件输入端坏，则更换输出光电耦合器件。如测得输出光电耦合器件也正常，则说明 CPU 损坏，应更换 CPU。

201. IC 卡式预付费电能表什么情况下会跳闸停电？

答：（1）表内剩余电量（剩余金额）为零时。

（2）表内透支电量（透支金额）为零时。

（3）用户的用电器启动电流过大，超出设置的负荷电流。

（4）IC 卡中的电量未输入电表，导致停电。

202. 什么情况下表内剩余电量（剩余金额）为零时不能跳闸停电？

答：（1）当表内跳闸继电器触点烧坏，不能跳闸停电。

（2）用户插入用户卡，启动了透支功能。

203. IC 卡式预付费电能表什么情况下不能输进电量或金额？

答：（1）IC 卡坏、非法卡。

（2）表计 IC 卡触点接触不好或 IC 卡触点不清洁或插卡方向错误。

（3）IC 卡中的购电电量（金额）和电表中的剩余电量

（金额）之和超过最大囤积电量（金额）。

204. 电子式电能表通电检查时，发现哪些缺陷不予检定？

答：（1）对已编入程序的电能表自检不正常。

（2）显示数字是否清楚、正确。

（3）标准电能表显示位数和显示其被检表误差的分辨率是否符合规定。

（4）显示能否回零，显示时间和内容是否正确、齐全。

（5）标准电能表在额定输入功率下，高频脉冲输出频率是否符合规定。

（6）基本功能是否正常。

205. 交流耐压试验中遇哪些情况应立即切断电源查明原因？

答：在试验过程中出现下述情况时应立即切断电源查明原因：

（1）电压表指示不稳，指针摆动幅度大。

（2）毫安表指示电流值急剧增大。

（3）有烧焦味或冒烟。

（4）被试设备内有放电声。

206. 如何测定电子式电能表标准偏差估计值？计算公式是什么？

答：在额定电压和基本电流（标定电流）下，对功率因数为1和0.5（L）两个负载点分别做不少于5次的基本误差测量，按式（2-5）计算标准偏差估计值S（%）

$$S=\sqrt{\frac{1}{n-1}\sum_{i=1}^{n}(E_i-\overline{E})^2} \qquad (2-5)$$

式中　n——测量次数（$n\geqslant5$）；

E_i——第i次测量的基本误差，%；

$\bar{E}$——各次基本误差的算术平均值,%。

207. 瓦秒法检定电能表的方法是什么？使用此方法时要注意什么？

答：用标准数字功率表测量调定的恒定功率，同时用标准测时器测量被检表累计电能所需的时间，这时间与恒定功率的乘积为实测电能值，再与被检表累计的电能值相比较，以确定被检表的相对误差。

用瓦秒法检定电能表时，标准测时器对时间的测量误差（%）应不大于标准表准确度等级的1/20。计读时间时，标准测时器应有足够多的读数，以使得由于末位改变1个字的读数误差不超过标准表准确度的1/10。

208. 如何消除实验室检定过程中的红外通信干扰？

答：(1) 在通信时尽量输入全表号，以免造成同号。

(2) 有条件的话，对于不同的通信内容尽量采用RS-485通信口进行一对一方式通信。对于相同的通信内容，如时钟校对，则可采用广播通信。

(3) 实验室空间尽可能大，操作人员不易过于密集。

(4) 实验室采取隔离措施，防止信号互串。

209. 电能表通电后，显示器的各项功能应满足哪些要求？

答：(1) 测量值显示位数应不少于6位（含1～3小数位），并可通过编程选定。

(2) 显示的计量单位为：kW（kvar）、kWh（kvarh）或MW（Mvar）、MWh（Mvarh）。

(3) 应有显示各种费率、电能量、需量及其方向、电量脉冲输出、需量周期结束等识别符号。

(4) 有自检功能的报警信息码，报警码应在正常循环显示项目中第一项显示：

1）电池低电压。

2）电能方向改变。

（5）有自检功能的出错信息码，出错故障一旦出现，显示器必须立即停滞在某一信息码上：

1）电池使用时间的极限。

2）因干扰引起的内部程序出错。

3）时钟晶振频率错误。

4）储存器故障或损坏。

5）硬件故障。

（6）应能选择显示。

（7）需要时应能自动循环显示所有的预置数据。

（8）辅助电源失电后，能通过外接电源和接口或其他方式，显示当时的读数，供工作人员抄录。

210. 电子式三相电能表检定装置的原理框图是怎样的？

答：电子式三相电能表检定装置的原理框图如图 2-10 所示。

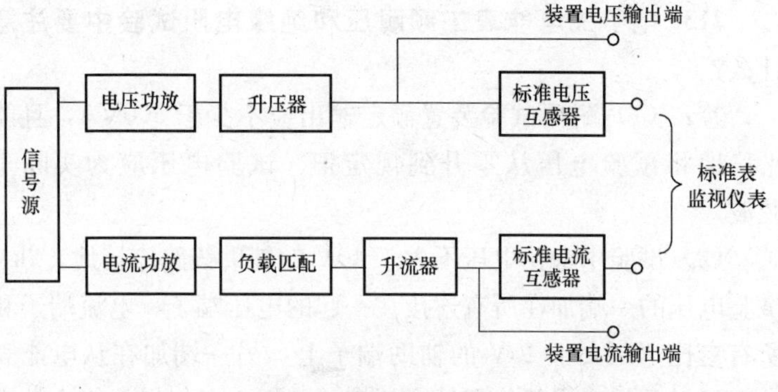

图 2-10 电子式三相电能表检定装置的原理框图

211. 对电子式电能表进行日计时误差测量的方法有哪几种?

答：(1) 将“晶控”时间开关的时基频率检测孔(或端钮)与计时误差等于(或优于)0.05s/d的日差测试仪的输入端相连，通电预热1h后开始测量时间，重复测量10次，每次测量时间1min，取10次测量结果的平均值，即得瞬时日计时误差。

(2) 无日差测试仪时，可将“晶控”时间开关连续运行72h。根据电台报时声，每隔24h测量1次计时误差，取3次计时误差的平均值作为日计时误差。

(3) 用标准时钟或频率准确度不低于2×10^{-7}/s的电子计数器(数字频率计)确定日计时误差。

212. 如何进行全电子式电能表的启动试验?

答：当额定电压施加到电压端子后，用秒表计时，全电子式电能表应5s内进入工作状态。在额定电压、额定频率和功率因数为1的条件下，通入规定的启动电流值，全电子式电能表应能连续记录(即有测试输出)。

213. 电子式电能表工频耐压和绝缘电阻试验中要注意什么?

答：(1) 耐压试验装置额定输出应不少于500VA，且能平稳地将试验电压从零升到规定值。试验电压应为实际正弦波。

(2) 试验中参比电压不大于40V的辅助线路应接地。2kV试验电压的一端加在所有连接在一起的电压端子、电流端子和所有参比电压大于40V的辅助端子上，另一端加在从电能表外面可触及的金属部位和外壳的接地端钮上(如果电能表外壳是绝缘的，则加在放置外壳的导电板上)。

(3) 试验电压应在(5～10)s内平稳地由零升到规定值并

保持1min。然后以同样速度降到零。试验结果是绝缘应不被击穿，试验后电能表应能正常工作。

（4）对标准电能表进行绝缘电阻试验时，可用1000V的绝缘电阻测试仪测试其绝缘电阻。

214. 如何进行电子式电能表的工频耐压试验？

答：电能表在室温和空气相对湿度不大于80%的条件下，电压端子、电流端子和参比电压大于40V的辅助线路端子对机壳和机壳外可触及的金属部位之间，应能承受频率为50Hz、实际正弦波交流电压2kV（有效值）、历时1min的试验。

215. 电子式电能表检验装置的操作应注意哪些问题？

答：（1）电源开始工作时，应将散热风扇打开。

（2）在功放输出开关未开的情况下，不可操作输出信号。

（3）操作过程中，应时刻注意功放电路阻抗匹配的指示仪表。

（4）当工作完毕后，应先关功放输出开关，再关总电源开关。

216. 电子式电能表检定装置若发生故障，检查和排除故障的程序是什么？

答：（1）在检查装置故障时，首先应排除外部电源、外部干扰源、接地线、接线或被试表本身，以及操作等方面可能引起的故障。

（2）开机检查前，必须认真检查各开关的设置情况。

（3）再按下列步骤进行检查：

电源机箱→稳压机箱→信号机箱→功放机箱

217. 锁相分频电路其原理接线图是怎样的？

答：锁相分频电路原理接线图如图2-11所示。

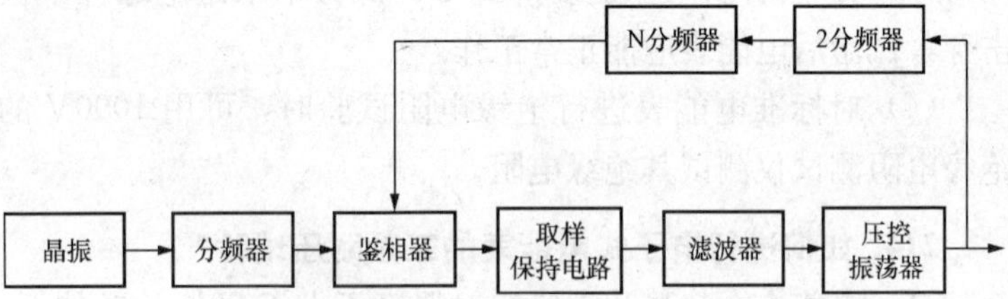

图 2-11 锁相分频电路原理接线图

218. 采用低功率因数功率表直接测量电能表的电压线圈功率消耗的接线图是怎样的?

答：直接测量电能表的电压线圈功率消耗的接线图如图 2-12 所示。

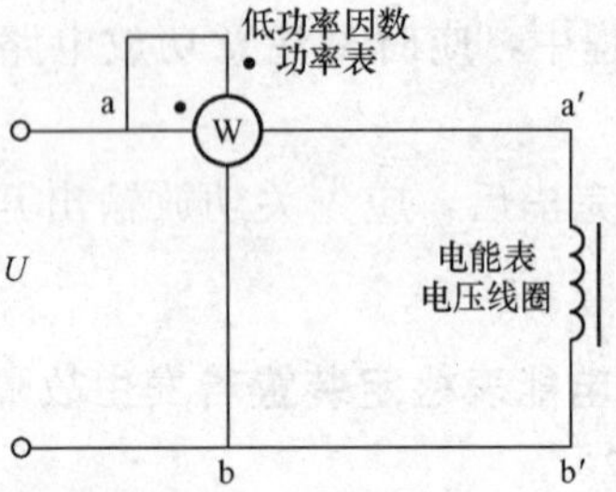

图 2-12 直接测量电能表的电压线圈功率消耗的接线图

219. 为什么电子式电能表检定装置特别会发热？应采取什么措施解决？

答：(1) 电子式电能表检定装置的功率放大器经常工作在大信号状态下，为了输出较大功率，功率输出三极管承受的电压就要高，通过的电流就要大，使得管耗也较大，因此电子式电能表检定装置特别会发热。

(2) 为降低过热现象和避免功率管损毁，可采用：

1）散热器加散热风扇进行散热。

2）功放输出不使用稳压电路，简化电路。减少内部热源。

3）输出管多管并用，降低功放输出级三极管单管功耗。

220. 进行静电放电抗扰度试验时为什么优先选择接触放电方式？

答：空气放电由于受到放电枪头接近速度、试验距离、环境温度和试验设备结构等的影响，其可比性和再现性较差，所以应优先采用接触放电方式。空气放电一般在不能采用接触放电的场合下才使用。

221. 电子式电能表误差调整有几种方式？

答：电子式电能表的误差调整可以分为硬件和软件调整。目前生产的单相电子式电能表以硬件调整为主，而电子式三相电能表以软件调整为主。特别是多功能电能表的误差更是以软件调整为主。

222. 全电子式电能表会不会有潜动现象？

答：在感应式电能表中，由于测量机械制造和装配不准确、不对称，如电压、电流铁芯倾斜，回磁极位移等因素，从而产生附加力矩使电能表在无负载情况下出现圆盘正转或反转的潜动现象，那么电子式电能表无机械测量部件，也不存在装配位置的因素，是否也有潜动现象呢？

根据电子式电能表的检定规程要求：电压回路加“参比”电压，电流回路无电流时，安装式电能表在启动电流下产生一个脉冲的10倍时间内，输出不得多于1个脉冲。如果不符合此项要求，电子式电能表同样也有潜动现象，只是产生的原因不同，当电子式电能表在轻载情况下，产生的误差不呈线性变化，即脉冲的产生无规律时，就有可能在无负载情况下产生潜动现象，又如测量回路出现故障，也可能在无负载情况下产生脉冲，从而出现潜动现象。

223. 如果单相电子式电能表中脉冲输出正常，则显示器电量输出也一定正常吗?

答：单相电子式电能表的端钮脉冲输出正确只能说明该表的电压、电流采样是正确的，基本误差是符合要求的，但不能代表显示器电量输出也一定正确。

目前，绝大多数居民用电子表在设计上是这样处理的：端钮脉冲直接从计量芯片送出，而供电量累计的脉冲则通过CPU进行计算后送出，这里有个脉冲常数的换算问题，如果常数正确，则该电子表的端钮脉冲输出数与累计的电量相符，如常数错误，就会出现误差正常，但电量错误的现象。

224. 电子式电能表的电压跌落和短时中断是怎样造成的?它对电子式电能表有什么影响?

答：电压跌落和短时中断是由于电力系统发生短路或接地故障造成的，尤其是系统进行自动重合闸和切除故障的操作会引起0.5s持续时间的电压跌落和短时中断。电压跌落和短时中断的时间虽然很短，但抗干扰性差的电子式电能表，往往会发生电子元件误动作或存储器的数据丢失等故障。

225. 直观检查电子式电能表时，如何判断其印制电路板的布线是否合理?

答：由于电子线路部分的空间小，走线密。电源线、信号线、地线之间容易串扰，因此判断的总的原则是：

（1）电源线与信号线尽量远离。

（2）大信号线与小信号线尽量远离。

（3）晶振引线的要求应尽量短，且与单片机的位置越近越好。

（4）体积小，表面为贴装元件较理想。

（5）“地”面积越大，对干扰信号的屏蔽及吸收作用越强。

（6）对于采用双面印制电路板的电子式模块宜采用单点接地方式，其抗干扰特性较好。

226. 电子式电能表的显示器有时不亮且无电能脉冲输出，这是什么原因造成的？如何处理？

答：可能的原因：

（1）电源没有接通。

（2）电能表电源电路的元器件损坏。

（3）电能表电源变压器烧毁。

处理方法是：

（1）接通电源。

（2）更换损坏器件。

（3）更换变压器。

227. 电子式电能表的峰、谷时段显示正常，但分时电量计数装置不工作的原因是什么？如何处理？

答：可能的原因：

（1）电能计量部分故障，或没有电能脉冲。

（2）单片机的存储器单元损坏。

处理方法是：

（1）检查更换电能计量部分的元件。

（2）更换存储器。

228. 电子式电能表峰、谷时段状态显示不工作或显示信息混乱的原因是什么？如何处理？

答：可能的原因：

（1）单片机故障。

（2）显示器或发光管损坏。

处理方法是：

（1）更换分时模块单片机。

（2）更换显示器或显示的发光管。

229. 电子式电能表中显示器显示数字笔画不完整的原因是什么？如何处理？

答：可能的原因：

（1）显示器插脚接触不好。

（2）显示器笔画段损坏。

处理方法是：

（1）调整显示器插脚使其接触良好。

（2）更换显示器。

230. 电子式电能表峰、谷时段状态与设定的时段不一致的原因是什么？如何处理？

答：可能的原因：

（1）单片机受干扰，时段数据丢失。

（2）电能表电池电压过低，发生停电时，时钟停走。

（3）电能表在存储期备用电池处于断开状态。

处理方法是：

（1）选择抗干扰性能好的电能表。

（2）更换性能好的电池。

（3）储存时，检查备用电池应处于正常工作状态。

231. 电子式电能表时钟走时误差过大或有时停走的原因是什么？如何处理？

答：可能的原因：

（1）晶振频率误差较大。

（2）晶振损坏。

（3）时钟芯片内数据受干扰。

（4）时钟芯片受损。

处理方法是：

（1）换误差小的晶振。

（2）换新晶振。

（3）重新设置日期、时间。

（4）更换新的时钟芯片。

232. 电子式电能表中，显示器无规律跳字的原因是什么？如何处理？

答：可能的原因：

（1）受强电磁干扰。

（2）单片机系统损坏。

（3）程序跑飞。

处理方法是：

（1）现场检查发现已能恢复正常工作，但应作定时访问，必要时追溯这类表的抗干扰性能。

（2）更换损坏器件。

（3）检查程序。

233. 电子式电能表中显示值锁死不动的原因是什么？如何处理？

答：这是因为：单片机受干扰，复位电路不工作，或是复位电路硬件故障，导致死机。处理方法有：调整复位电路或维护硬件，使其重新启动恢复正常工作。

234. 电子式电能表中常用的液晶显示器有哪两种结构？

答：电子式电能表中常用的液晶显示器有以下两种：

（1）笔画式或字段式液晶显示器，这种显示器结构简单，成本低，但显示单一，目前普遍使用。

（2）点阵式液晶显示器，它有可分为点阵字符式和点阵图形式两类。点阵图形式可显示任意汉字，在智能终端上普遍使用，成本较高。

235. 电子式电能表中，显示器显示正常，电能脉冲也正常，但保存数据丢失，原因是什么？如何处理？

答：可能的原因：

（1）单片机受到强电磁干扰。

（2）环境温、湿度超过允许值。

（3）储存期内，备用电池未接通。

（4）表内程序 BUG 引起。

处理方法是：

（1）加强抗干扰试验，不满足要求的电表应更换、检修。

（2）按要求使用电能表，使其处在合适的温、湿度之下。

（3）储存期应检查备用电池处于正常工作状态。

（4）修改表内程序。

236. 电子式电能表中，电能表不能设定时段、时间等值的原因是什么？如何处理？

答：可能的原因：

（1）未按下编程键，电能表处于不能编程状态。

（2）操作步骤不对。

（3）密码错误，安全认证没有通过。

（4）遥控编程器电池不足。

（5）遥控编程器与电能表接收器的距离位置（角度）不合适。

处理方法是：

（1）打开编程开关。

（2）按说明书重新操作。

（3）使用正确密码，有安全认证的要满足安全认证要求。

（4）更换新电池。

（5）调整编程器与电能表接收器的距离或方向位置。

237. 电子式电能表中，电能表电能输出端钮（S端）无脉冲信号输出的原因是什么？如何处理？

答：可能的原因：

（1）输出光电耦合器件损坏。

（2）负载未用电。

（3）光电耦合器件输出未接拉高电阻。

处理方法是：

（1）更换新的光电耦合器件器件。

（2）用电后，将有脉冲输出。

（3）光电耦合器件输出与正电源之间接拉高电阻。

第三章

电压互感器

第一节 基本知识

238. 电压互感器的基本结构和工作原理各是什么?

答：电压互感器的基本结构和变压器很相似。它由一、二次绕组、铁芯和绝缘组成。当在一次绕组上施加一个电压 U_1 时，一次绕组产生励磁电流 I_0，在铁芯中就产生一个磁通 ϕ，根据电磁感应定律，在一、二次中分别产生感应电动势 E_1 和 E_2 绕组的感应电动势与匝数成正比，改变一、二次绕组的匝数，就可以产生不同的一次电压与二次电压比。

239. 电压互感器的误差主要与哪些因素有关?

答：当 U_1 在铁芯中产生磁通 ϕ 时，有励磁电流 I_0 存在，由于一次绕组存在电阻和漏抗，I_0 在励磁导纳上产生了电压降，就形成了电压互感器的空载误差，当二次绕组接有负载时，产生的负荷电流在二次绕组的内阻抗及一次绕组中感应的一个负载电流分量在一次绕组内阻抗上产生的电压降，形成了电压互感器的负载误差。可见，电压互感器的误差主要与励磁导纳，一、二次绕组内阻抗和负荷导纳有关。

240. 电压互感器有什么作用?

答：电压互感器的作用有：

(1) 隔离保安；它通过电磁感应和绝缘材料将高电压与二次系统隔离，以保证人身和设备的安全。

(2) 扩展量程；电压互感器通过变比 $K_U=\frac{U_1}{U_2}$；即

$U_1 = K_U U_2$；K_U 可以是一个较大的数值，这样将高电压变换成我们可以测量到的电压，大大地扩展了电压测量的量程。

(3) 仪表制造标准化、规范化；电压互感器的功能是将高电压变换成标准低电压（100V），以便实现测量仪表、保护设备及自动控制设备制造的规范化、标准化、小型化。

241. 电压互感器和电流互感器在作用原理上有什么区别？

答：主要区别是正常运行时工作状态很不相同，表现为：

(1) 电压互感器是将高电压变换成低电压，电流互感器是将大电流变换成小电流。

(2) 电压互感器工作时，是与电力系统并联。电流互感器工作时是和电力系统串联。

(3) 电压互感器二次输出电压不随二次负载变化而变化。电流互感器二次输出电流不随二次负载变化而变化。

242. 电压互感器按绝缘方式分为哪几类？

答：按绝缘介质分为干式电压互感器、浇注绝缘电压互感器、油浸式电压互感器、气体绝缘电压互感器。

(1) 干式电压互感器；由普通绝缘材料浸渍绝缘漆作为绝缘，多用在 1kV 及以下低电压等级。

(2) 浇注绝缘电压互感器；由环氧树脂或其他树脂混合材料浇注成型，多用在 10kV 及以下电压等级。

(3) 油浸式电压互感器；由绝缘纸和绝缘油作为绝缘，是我国最常见的结构型式，常用于 35kV 及以下电压等级。

(4) 气体绝缘电压互感器（如六氟化硫）；由气体作主绝缘，多用在较高电压等级。

243. 电压互感器按工作原理分为几种？

答：按电压互感器工作原理可分为电磁式电压互感器、电容式电压互感器、光电式电压互感器。

（1）电磁式电压互感器：根据电磁感应原理变换电压，我国多在 35kV 及以下电压等级采用。

（2）电容式电压互感器：由电容器先进行分压，然后再采用感应式电压互感器作电压变换。

（3）光电式电压互感器：通过光电变换原理以实现电压变换，目前应用不多。

244. 电压互感器按相数分为哪几类？

答：按相数可分为：单相式、三相式、三相五柱式。

绝大多数产品是单相的，因为电压互感器容量小，器身体积不大，三相高压套管间的内外绝缘要求难以满足，所以只有 3～15kV 的产品有时采用三相结构。

245. 电容式电压互感器有什么特点？

答：最主要的特点是：

（1）耐电强度高，绝缘裕度大，运行可靠。耦合电容器耐雷电冲击能力强，可靠保护电气设备，且不会与断路器断口电容产生铁磁谐振，可确保系统安全运行。

（2）误差调整方便灵活，借助于补偿电抗器线圈和中压变压器一次绕组上的若干调整抽头来实现。调整接头越多，误差调解精度越高。

（3）产品为全封闭结构，运行中不需定期检修，维护工作量小，绝缘监测较容易。产品价格较低。

（4）误差稳定性受温度、电网频率影响较大，与电磁式电压互感器相比较差。

246. 什么是互感器额定二次负载？

答：能满足互感器准确度等级的互感器二次所接的最大负载。

247. 什么是电压互感器的额定电压比？

答：电压互感器的额定电压比为额定一次电压与额定二次电压之比，即 $K_U = \frac{U_{1e}}{U_{2e}}$。

248. 电压互感器误差补偿方式有几种？

答：(1) 为了减少绕组的阻抗和电抗，电压互感器（TV）的一、二次线圈导线截面积应按 0.4～0.8A/mm^2 来选择。因电阻、阻抗与线圈每匝的长度成反比，为尽量缩小每匝长度、应采用圆形铁芯为好。

(2) 为了减少电压互感器 TV 的误差，铁芯内的磁通密度应相对取小一些。选择优质的铁芯材料，铁芯之间的连接必须紧凑，这可减少 TV 的误差和空载电流及铁芯的损耗。

(3) 为提高电压互感器 TV 的比差准确度，我们可适当调节一次绕组的线圈匝数。要想改进角差的准确度，我们可调整一次绕组的线径。当 TV 的比差为负超差时，可适当减少一次绕组的匝数，使二次负载等于给定准确等级下额定容量一半时，差比值接近为零。当角差为正超差时，可适当减少一次绕组的线径（例如 0.23mm^2 改用 0.21mm^2 线径）即可。

(4) 并联阻抗，采用并联电容器来补偿空载误差。

249. 电压互感器的准确度等级和其负荷大小的关系是怎样的？

答：电压互感器的准确度等级和其负荷大小有着密切关系，而且是决定其准确度等级的主要因素，随着二次负荷的增加，比差从正值变成负值，当二次负荷为电压互感器的二次额定负荷在中间某数时误差最小。

250. 电压互感器额定电压是如何定义的？

答：额定一次电压指的是作为互感器性能基准和标示在铭牌上的一次电压值，它是长期加在一次线圈上的电压；额定二次电压指的是作为互感器性能基准和标示在铭牌上的二次电压值，我国额定电压为100（或$100/\sqrt{3}$）V。

251. 电压互感器二次负载与额定容量有何关系？

答：由于电压互感器的误差与二次负载有关，二次负载越大，电压比误差和角误差越大。因此制造厂家就按各种准确度级别给出了对应的使用额定容量，同时按长期发热条件下给出了最大容量。

252. 什么是直流互感器？

答：直流互感器是指在直流输电系统中用于测量直流电压、电流的互感器。直流互感器采用磁放大器工作原理进行设计。

253. 什么是电子互感器？

答：电子式互感器是通过电磁波或光纤联系高低压电路的互感器。其工作原理是将采集到的电压、电流信号，通过电子器件转换成电磁信号或者数字光信号。传输到二次侧进行计量和测量。传输数据的电磁波可以是长波、中波、短波、超短波、微波、超微波。

254. 什么是光电互感器？

答：根据磁光效应原理（法拉第光电效应原理），在磁场作用下，在具有高折射率的光学玻璃内偏振面能产生旋转，旋转角度与磁场强度成正比，而磁场强度由电流建立，因此偏振面旋转角度也与电流成正比。光电互感器采用的光源可以是普通灯泡光源、半导体光源（LED）、气体莱塞受激辐射光源。

255. 采用电子式和光电式互感器有什么好处?

答：电磁式互感器随着电压的增高，绝缘越来越困难，不仅导致互感器的体积笨重，而且价格昂贵。电子式和光电式互感器，由于取消了磁路系统和内绝缘，与电磁式互感器相比较，其外形尺寸和重量显著减小和减轻，造价也相应降低。而且低压部分对高压部分没有反作用，所以电子式和光电式互感器的二次负荷对误差没有影响，提高了测量准确性。

第二节 技术规定

256. JDJ—10、JDZ—10、JSJW—10、JDJJ—35 型电压互感器各字母和数字的含义是什么?

答：(1) 第一位字母“J”为电压互感器。

(2) 第二位字母“D”为单相，“S”为三相。

(3) 第三位字母“J”为油浸式，“Z”为环氧浇注式。

(4) 第四位字母“W”为绕组五柱式，“J”为接地保护。

(5) 数字“10”和“35”表示分别是一次电压为 10kV 和 35kV 的电压互感器。

257. 电压互感器的准确度等级是如何定义的?

答：电压互感器的准确度等级是在额定二次负荷下确定的准确度等级，以该准确度等级在额定电压下的最大允许电压误差的百分数标称。其误差在规定的使用条件下，应在各等级所规定的误差限值范围内。

258. 什么是电压互感器的减极性或加极性?

答：如图 3-1 所示，大写字母 A、X 表示一次绕组出线端子，小写 a、x 表示二次出线端子。电压互感器极性是表明一次绕组和二次绕组在同一瞬间的感应电动势方向相同还是相反。相同者叫做减极性，相反者叫做加极性。

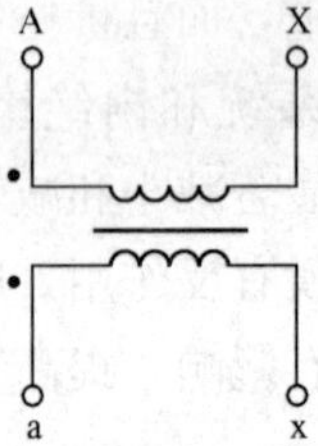

图 3-1　电压互感器的极性图

259. 电压互感器接线方式有哪几种?

答：电压互感器在三相电路中常用的接线方式有四种：

（1）一个单相电压互感器的接线。如图 3-2（a）所示，用于对称的三相电路，二次可接仪表或继电器。

（2）两个单相电压互感器的 Vv 形接线。如图 3-2（b）所示，可以测量相间线电压，但不能测量相电压。

（3）三个单相电压互感器接成 YNyn。如图 3-2（c）所示，可供给要求测量线电压的仪表或继电器，以及供给要求相电压的绝缘监察电压表。

（4）一台三相五柱电压互感器接成 YNyn▷（开口三角形）。如图 3-2（d）所示，接成 YN 的二次绕组供电给仪表、继电器及绝缘监察电压表等。辅助二次绕组接成开口三角形，供电给绝缘监察电压继电器。当三相系统正常工作时，三相电压平衡，开口三角形两端电压为零。当某一相接地时，开口三角形两端出现零序电压，使绝缘监察电压继电器动作，发出信号。

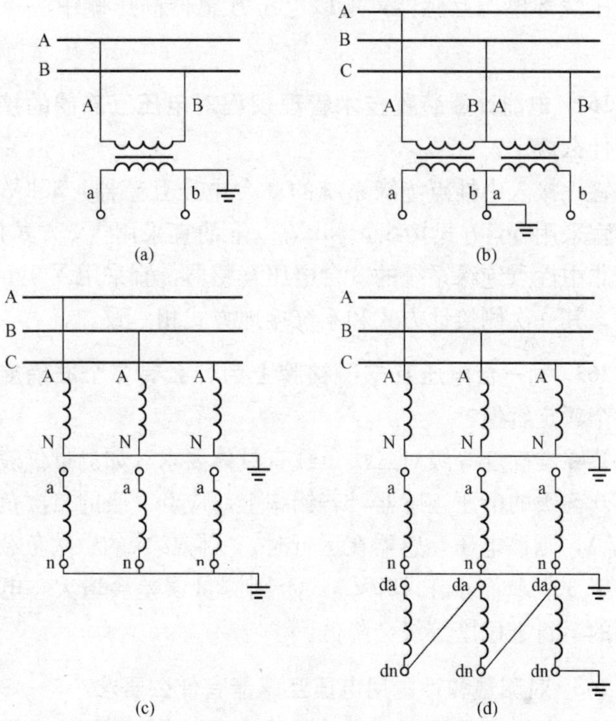

图 3-2 电压互感器在三相电路中的接线方式

(a) 一个单相电压互感器的接线；(b) 两个单相电压互感器的 Vv 接线；(c) 三个单相电压互感器接成 YNyn；(d) 三相五柱电压互感器接成 YNyn▷

260. 三相三线制电能计量装置的电压互感器高压侧为什么不接地?

答：因为三相三线电力系统为中性点非有效接地系统，额定电压为 U_e。Yy 接线的电压互感器额定电压为相电压 $(U_e/\sqrt{3})$。如果电压互感器高压侧中心点接地；当系统发生单相接地时，电压互感器的承受电压由原来的相电压上升为线电压 U_e。为了避免一次侧电力系统发生单相接地时，产生过电压烧坏电压互感器，所以电压互感器高压侧中心点不宜接地。

261. 电能计量装置技术管理规程对电压互感器的接线方式有什么规定？

答：接入中性点绝缘系统的3台电压互感器，35kV及以上的宜采用Yy方式接线；35kV以下的宜采用Vv方式接线。接入非中性点绝缘系统的3台电压互感器，宜采用YNyn方式接线。其一次侧接地方式和系统接地方式相一致。

262. 同一台电压互感器铭牌上为什么有多个准确度级别和多个额定容量？

答：准确度等级对二次负载有具体要求。如测量仪表要求选用0.5级的电压互感器，若铭牌上对应0.5级的二次负载为120VA，则该电压互感器在运行时，实际接入的二次负载容量应大于30VA而小于120VA，否则测量误差会增大，电压互感器的运行准确度等级会降低。

263. 对测量和计量用电压互感器有什么要求？

答：(1) 测量用电压互感器的准确度通常采用0.5级；用于电能计量的专用电压互感器的准确度等级一般不低于0.2级。

(2) 当计量专用电压互感器的负荷为感应式电能表时，其二次负荷功率因数应在0.3～0.5（滞后）之间，其他计量装置的二次负荷功率因数应在0.8（滞后）左右。

第三节　实际操作

264. 电压互感器运行时有哪些误差？

答：在电压互感器中，由于励磁电流通过一次绕组，产生

绕组阻抗压降 I_0Z_1，造成电压互感器的空载误差；同时负载电流通过一次和二次绕组，产生一次和二次绕组阻抗的阻抗压降 $-I_2$（Z_1+Z_2），造成电压互感器的负载误差。

（1）电压互感器的误差分比差和角度误差。比误差是指电压互感器二次电压 U_2 按额定电压比折算至一次后与一次侧实际电压 U_1 的差，对一次实际电压 U_1 比的百分数，见式（3-1）。

$$f_U=\frac{K_UU_2-U_1}{U_1}\times 100\% \tag{3-1}$$

（2）角误差 δ 是指二次侧电压相量 $\dot{U}_2$ 逆时针旋转 180°与一次侧电压相量 $\dot{U}_1$ 之间的夹角。

265. 影响误差的因素主要有哪些？

答：影响电压互感器误差的因素主要有：

（1）一、二次绕组阻抗 Z_1、Z_2 的影响，阻抗越大，误差越大。

（2）空载电流 I_0 的影响，空载电流 I_0 越大，误差越大。

（3）一次电压的影响，当一次电压变化时，空载电流和铁芯损耗角将随之变化，使误差发生变化。

（4）二次负载及二次负载 $\cos\varphi_2$ 的影响，二次负载越大，误差越大；二次负载 $\cos\varphi_2$ 越大，误差越小，且角误差 δ 明显减小。

266. 降低电容式电压互感器的误差措施有哪些？

答：降低误差、改进负载特性的措施如下：

（1）增大励磁阻抗，即增大 Z_m，为此应适当提分压电压。但受技术及经济条件限制，分压电压不能太高，一般为 10～30kV。

（2）降低工作磁通密度。磁通密度降低，励磁阻抗增大，但铁芯截面增大将导致体积增大，价格增高，一般限制磁密度在 2000～5000GS 之间。此外，应选择优质铁芯材料，以减小铁损和励磁电流。

（3）减小补偿电抗器和中间变压器的电阻。可适当增大绕组导线截面，但也有一定限制。

（4）额定频率时，尽量使补偿电抗器、中间变压器与电容器谐振。

（5）增大负载阻抗，即增大 Z_b，减小负荷电流，以达到减小负载误差的目的。

（6）减小中间变压器绕组截面，减少绕组匝数，同时，增大谐振电抗器的 Q 值，减小负载误差。

267. 电压互感器绕组匝数对误差有何影响？

答：电压互感器绕组匝数对误差的影响很大，当绕组匝数增大时，一、二次绕组的内阻近似成正比地增大，漏抗近似与绕组匝数的平方成正比地增大，因而电压互感器的负载误差显著增大。由于绕组匝数增大时，空载电流减小，因此空载误差变化不大。综合负载误差与空载误差的变化，绕组匝数增大时，互感器的误差将增大；绕组匝数减小时，互感器的误差也将减小。

268. 系统电压对电压互感器误差有何影响？

答：由于铁芯磁导率和损耗角都是非线性的，随着系统电压的增大，铁芯磁通密度增加，磁导率和损耗角均增大，当系统电压进一步增大，铁芯将趋向于饱和，磁化曲线趋向平坦，磁导率下降。因此空载比差和角差先随着电压的增大而减小，然后再随着增大。

269. 三相三线制电能计量装置采用两台电压互感器的优缺点各是什么？

答：三相三线制电能计量装置通常两台电压互感器接成

Vv 接法，其一次绕组通过高压熔丝接入电路，二次绕组通过接线端子接入电能表，二次绕组的 B 相接地。这种接法既能节省一台电压互感器，又能满足三相三线电能表所需要的电压。但这种接线不能用来测量相电压，而且其输出的有效负荷为两台电压互感器额定负荷之和的$\sqrt{3}/2$倍。

270. 运行中电压互感出现哪些现象时须立即停止运行？

答：（1）高压侧熔断器接连熔断二次。

（2）引线端子松动过热。

（3）内部出现放电异音或噪声。

（4）见到放电，有闪络危险。

（5）发出臭味或冒烟。

（6）溢油。

271. 电压互感器使用时应注意什么？

答：（1）应根据用电设备的需要，选择电压互感器型号、容量、变比、额定电压和准确度等参数。

（2）接入电路之前，应校验电压互感器的极性。

（3）接入电路之后，应将二次绕组可靠接地，以防一、二次侧的绝缘击穿时，高压危及人身和设备的安全。

（4）运行中的电压互感器在任何情况下都不得短路，其一次侧应安装熔断器，并在一次侧装设隔离开关。35kV 以上贸易结算用电能计量装置中电压互感器二次回路，应不装设隔离开关辅助触点，但可装设熔断器；35kV 及以下贸易结算用电能计量装置中电压互感器二次回路，应不装设隔离开关辅助触点和熔断器。

（5）在电源检修期间，为防止二次侧电源向一次侧送电，应将一次侧的隔离开关和一、二次侧的熔断器都断开。

第四章

电流互感器

第一节 基本知识

272. 电流互感器的基本工作原理是什么?

答：电流互感器主要由一次绕组、二次绕组及铁芯所组成。在电磁感应原理作用下，当一次绕组中通过电流 I_1 时，则在铁芯上就会存在一个磁动势 I_1N_1。根据电磁感应和磁动势平衡的原理，在二次绕组中就会产生感应电流 I_2，并以二次磁动势 I_2N_2，去抵消一次磁动势 $I_1N_1I_1$，在理想情况下，就存在下面的磁动势平衡方程式，见式（4-1）。

$$I_1N_1 + I_2N_2 = 0 \tag{4-1}$$

式中 I_1——一次绕组中的电流，A；

I_2——二次绕组中的电流，A；

N_1——一次绕组的匝数，匝；

N_2——二次绕组的匝数，匝。

此时的电流互感器不存在误差，所以称之为理想的电流互感器。以上所述，就是电流互感器的基本工作原理。

273. 电流互感器的作用是什么?

答：电流互感器的作用是为避免测量仪表和工作人员与高压回路直接接触，保证人员和设备的安全；使测量仪表小型化、标准化，利用电流互感器变比特性扩大表计的测量范围。

274. 计量用电流互感器的结构是什么?

答：电流互感器的基本结构是由两个相互绝缘的绕组和公

共铁芯构成。与系统串联的绕组叫一次绕组，匝数很少；与测量表计、继电器等连接的绕组叫二次绕组，匝数较多。

275. 电流互感器一、二次安匝数的计算公式是什么？

答：计量用的电流互感器一、二次安匝数的计算。励磁安匝在总安匝 I_1N_1 中占成分很小，只有0.3%～1%左右，故一次安匝数等于二次安匝 I_2N_2 数，即：$I_1N_1=-I_2N_2$。负号说明一、二次磁动势大小相等，方向相反，两电流的变比是恒定的，即 $I_1N_1=I_2N_2$，见式（4-2）～式(4-4)。

电流变比 $$K_1=\frac{I_1}{I_2}=\frac{N_2}{N_1} \tag{4-2}$$

一次绕组匝数 $$N_1=\frac{I_2N_2}{I_1} \tag{4-3}$$

二次绕组匝数 $$N_2=\frac{I_1N_1}{I_2} \tag{4-4}$$

式中 K_1——电流变比；

I_1——一次电流，A；

N_1——一次绕组圈数，匝；

I_2——二次电流，A；

N_2——二次绕组圈数，匝。

276. 电流互感器按绝缘方式分为哪几类？

答：按绝缘介质可分为：

（1）干式电流互感器。由普通绝缘材料经浸漆处理作为绝缘。

（2）浇注式电流互感器。用环氧树脂或其他树脂混合材料浇注成型的电流互感器。

（3）油浸式电流互感器。由绝缘纸和绝缘油作为绝缘，一般为户外型。

（4）气体绝缘电流互感器。主绝缘由气体构成。

277. 电流互感器按安装方式分为哪几类？

答：按安装方式可分为：

（1）贯穿式电流互感器。用来穿过屏板或墙壁的电流互感器。

（2）支柱式电流互感器。安装在平面或支柱上，兼做一次电路导体支柱用的电流互感器。

（3）套管式电流互感器。没有一次导体和一次绝缘，直接套装在绝缘的套管上的一种电流互感器。

（4）母线式电流互感器。没有一次导体但有一次绝缘，直接套装在母线上使用的一种电流互感器。

278. 电流互感器的主要参数有哪些？

答：（1）准确等级：指电流互感器在规定使用条件下的准确度等级。

（2）额定电流比：额定一次电流与额定二次电流的比值即为额定电流比。

（3）额定一次电流：指测量用电流互感器额定的输入一次回路电流 I_{1e}。

（4）额定二次电流：指电流互感器额定输出的二次电流 I_{2e}。

（5）额定负荷和下限负荷：额定负荷指保证电流互感器二次准确度等级情况下，二次回路的阻抗或功率最大值。下限负荷指保证电流互感器二次准确度等级情况下，二次回路的阻抗或功率最小值，用欧姆值或视在功率值数表示。

279. 穿芯式电流互感器结构原理是什么？

答：穿芯式电流互感器其本身结构不设一次绕组，载流（负荷电流）导线由 L1 至 L2 穿过由硅钢片擀卷制成的圆形（或其他形状）铁芯起一次绕组作用。二次绕组直接均匀地缠绕在圆形铁芯上，与仪表、继电器、变送器等电流线圈的二次负荷串联形成闭合回路，如图 4-1 所示。

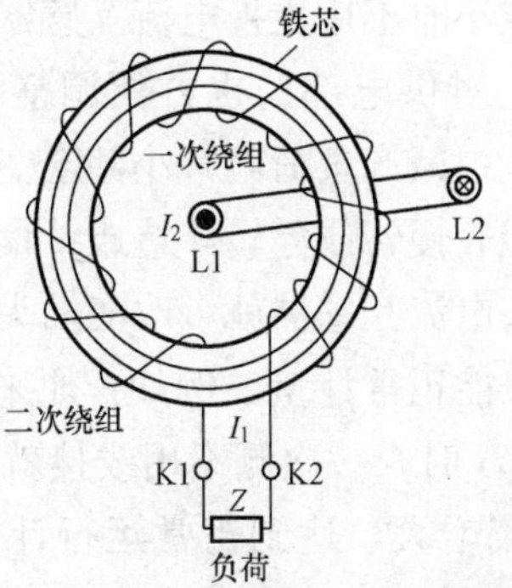

图 4-1　穿芯式电流互感器结构原理

280. 多抽头式电流互感器的构造和工作原理各是什么？

答：多抽头电流互感器。这种型号的电流互感器，一次绕组不变，在绕制二次绕组时，增加几个抽头，以获得多个不同变比。它具有一个铁芯和一个匝数固定的一次绕组，其二次绕组用绝缘铜线绕在套装于铁芯上的绝缘筒上，将不同变比的二次绕组抽头引出，接在接线端子座上，每个抽头设置各自的接线端子，这样就形成了多个变比，例如二次绕组增加两个抽头，K1、K2 为 100/5，K1、K3 为 75/5，K1、K4 为 50/5 等，如图 4-2 所示。

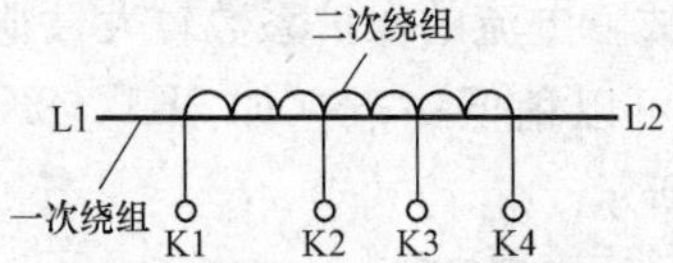

图 4-2　多抽头式电流互感器

281. 多抽头式电流互感器的作用是什么？

答：多抽头式电流互感器的作用是其有多种变比使用，可以满足小负荷时的计量和正常负荷时的计量，方便用电户的在负荷电流增加或减小时不用更换电流互感器只要改变二次侧抽头就可达到目的。对供电部门也方便调整计量装置的负荷电流，因为有些用电户减产负荷就减小甚至变得很小时，二次电流很小时会使电能表慢转或停转，造成计量电能不准确，增加损耗，如装多抽头电流互感器就可改变抽头使变比改变，二次电流增大，电能表能正常计量。例如，原来是300/5A改变二次侧抽头为100/5A时，一次侧不用改接就可以达到目的，使电能表的负荷电流增大，达到正常运行计量，减少损耗。因此，特别适合于新建多期完成的大用电户，因初期完成的负荷很小到全部完成时负荷很大，这种情况就可以采用二次侧的抽头来改变匹配负荷电流的变化，使电能表正常计量，不用更换电流互感器。

282. 多变比电流互感器的构造和工作原理各是什么？

答：这种型号的电流互感器具有不同铁芯和同一个一次绕组，而二次绕组则分为两个匝数不同、各自独立的绕组，以满足同一负荷电流情况下不同变比、不同准确度等级的需要，例如在同一负荷情况下，为了保证电能计量准确，要求变比较小一些（以满足负荷电流在一次额定值的2/3左右），准确度等级高一些（如1K1、1K2为200/5、0.2级）；而用电设备的继电保护，考虑到故障电流的保护系数较大，则要求变比较大一些，准确度等级可以稍低一点（如2K1、2K2为300/5、1.0级）。如图4-3所示。

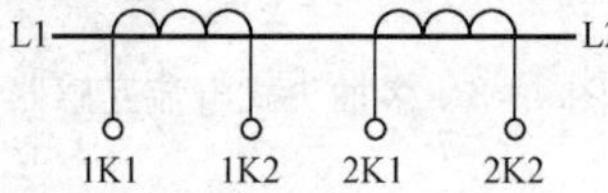

图4-3　多变比电流互感器

283. 电流互感器的误差补偿方式有几类?

答：电流互感器的误差补偿有以下几种方法：

（1）磁动势补偿是通过外加一个绕组给互感器的另一个绕组提供磁动势，用以补偿互感器的误差。常用的磁动势补偿有匝数补偿和二次绕组并联阻抗补偿等方法。

1）匝数补偿：因为电流互感器的输出电流与二次绕组匝数成正比，当二次绕组少于额定匝数时，二次电流会成反比地增大，从而达到补偿比值差的目的。

2）二次绕组并联阻抗补偿：在电流互感器二次绕组并联阻抗元件，通常是并联电容，产生容性电流磁动势，能够补偿由于二次负荷及其功率因数变化引起的比值差和相位差改变。

（2）电动势补偿是将外加的电压或电动势直接串入二次绕组回路以补偿互感器的误差，常用的补偿方法有磁分路补偿和磁分路短路匝补偿等方法。

1）磁分路补偿：在互感器铁芯的外侧，加入一个由1～3片硅钢片组成的磁分路铁芯，而二次绕组 N_2 在磁分路上少绕 N_b 匝，这里的 N_b 叫补偿匝数。使磁分路补偿下限电流（例如5%～10%I_N）时，$\mu_b\varphi_b$ 达到最大值，补偿数值最大，这样就能拉平比值差曲线，且部分拉平相位差曲线。

2）磁分路短路匝补偿：在磁分路上加短路匝，可以人为地加大磁分路的损耗角，加大对相位差的补偿，磁分路短路匝补偿在拉平比值差曲线的同时，能更好地拉平相位差曲线。

284. 什么是电流互感器的伏安特性?

答：当电流互感器一次加入一个电流，在互感器的二次负载两端得到一个电压降。在平面坐标上把各个点连接起来，可以得到一条近似于磁化曲线的伏安特性曲线。通过电流互感器的伏安特性主要参考互感器的过载性能。

285. 保护用和计量用电流互感器各有什么特点？

答：计量用电流互感器要求误差小、精度高，对过载没有太高要求。保护用电流互感器一般对误差，特别是小电流时的误差，没有过高的要求。但要求有较好的过载特性，避免电流互感器的磁通饱和，当系统发生故障时能有效地测量故障电流。

286. 组合式互感器的结构和特点各是什么？

答：组合式互感器是将两台或三台电流互感器的一、二次绕组及铁芯和电压互感器的一、二次绕组及铁芯，固定在钢体构架上，浸入装有变压器油的箱体内，其一、二次绕组进、出线各自引出，接在箱体外的高、低压绝缘子，形成绝缘、封闭的整体。一次侧与供电线路连接，二次侧与电能表连接。

287. 组合式互感器的优缺点各是什么？

答：组合互感器的优点如下：

（1）组合式互感器由于结构紧凑，体积小，安装方便，有利于防止窃电，一般应用在35kV及以下的电压等级的电能计量装置中，特别适宜户外杆上安装。

（2）组合式互感器，由于它的电压互感器回路不能安装有效的保护装置，所以它的安全性相对较差。

（3）高压侧和低压侧接线方便。

（4）组合互感器已将电压互感器和电流互感器组合在一起，安装方便。

（5）组合互感器体积小，占地小，可在狭小空间安装。

组合互感器的缺点有：

1）电压互感器没有一次侧高压熔断器保护，容易造成短路爆炸故障，引起线路跳闸事故。

2）因电压互感器、电流互感器安装在一起，某一单元互感器故障时需全部调换。

第二节 技术规定

288. 电流互感器型号代表的内容各是什么？

答：电流互感器的型号由字母符号及数字组成，通常表示电流互感器绕组类型、绝缘种类、使用场所及电压等级等。字母符号含义如下：

第一位字母：L——电流互感器。

第二位字母：M——母线式（穿芯式）；Q——线圈式；Y——低压式；D——单匝式；F——多匝式；A——穿墙式；R——装入式；C——瓷箱式。

第三位字母：K——塑料外壳式；Z——浇注式；W——户外式；G——改进型；C——瓷绝缘；P——中频。

第四位字母：B——过流保护；D——差动保护；J——接地保护或加大容量；S——速饱和；Q——加强型。

字母后面的数字一般表示使用电压等级。例如：LMK－0.5S型，表示使用于额定电压500V及以下电路，塑料外壳的穿芯式S级电流互感器。LA－10型，表示使用于额定电压10kV电路的穿墙式电流互感器。

289. LQJ—10、LFC—10、LMJ—10、LQG—0.5、LFCD—10型电流互感器各字母和数字的含义是什么？

答：(1) 第一位字母“L”为电流互感器。

(2) 第二位字母“Q”为线圈式，“F”为复匝式，“M”为母线型贯穿式。

(3) 第三位字母“J”为树脂浇注式，“C”为瓷绝缘，“G”为改进式。

(4) 第四位字母“D”为接差动或距离保护。

（5）数字“10”和“0.5”分别表示一次额定电压为10kV和500V。

290. 什么是电流互感器的额定容量？

答：电流互感器的额定容量是额定二次电流 I_{2e} 通过额定二次负载 Z_{2e} 时所消耗的视在功率 S_{2e}，即 $S_{2e}=I_{2e}^2 Z_{2e}$。

291. 什么是电流互感器的额定电压？

答：电流互感器的额定电压的含义如下：

（1）将该电流互感器安装于所标明的电压标称值的电力系统中。

（2）说明该电流互感器的一次绕组的绝缘强度。

292. 电流互感器有哪几种误差？

答：电流互感器的误差分为比值差和相位差：比值差是通过二次回路间接测量到的电流值 $K_I I_2$ 减去一次电流实际值与一次电流实际值的百分比，即

$$f_I\% = \frac{K_I I_2 - I_1}{I_1} \times 100\% \tag{4-5}$$

相位差是指二次电流相量旋转180°后，与一次电流相量间的夹角，又称角差 δ，并规定二次电流相量超前一次电流相量时，误差为正，反之为负。

293. 0.5S级电流互感器与普通互感器的允许误差各是什么？

答：0.5S级电流互感器与普通电流互感器允许误差对照如表4-1所示。

表4-1 0.5S级电流互感器与普通电流互感器允许误差对照表

准确等级	比差（%）					角差（′）				
	1	5	20	100	120	1	5	20	100	120
0.5		1.5	0.75	0.5	0.5		90	45	30	30
0.5S	1.5	0.75	0.5	0.5	0.5	90	45	30	30	30

294. 什么是电流互感器的同极性端?

答：电流互感器为减极性时，一、二次绕组的首端 L1 和 K1 称为同极性端，尾端 L2 和 K2 也为同极性端，如图 4-4 所示。

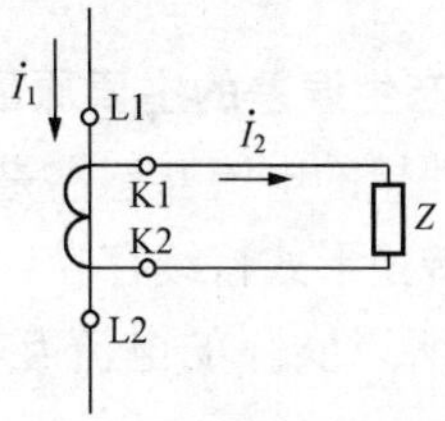

图 4-4 电流互感器的同极性端示意图

295. 油浸式电流互感器大修项目有哪些?

答：油浸式电流互感器大修项目如下：

(1) 外部检查及修前的试验。

(2) 检查金属膨胀器，排放绝缘油。

(3) 一、二次引线接线柱瓷套的分解检修，吊起瓷套或吊起器身，检查瓷套及器身。

(4) 更换全部密封胶垫。

(5) 油箱的清扫、除锈。

(6) 压力释放器装置的检修与试验。

(7) 绝缘油处理或更换。

(8) 检修呼吸器，更换干燥剂。

(9) 总装配、真空注油并做密封试验。

(10) 绝缘油和互感器大修后的电气试验。

296. S 级电流互感器的使用范围是什么?

答：S 是英文 special 特殊的意思，代表电流互感器的特殊精度标准。S 级电流互感器能在额定电流的 1%～120%之间都能准确计量。S级电流互感器对既具有小负荷电流，又具有大负荷电流的用户适用。

第三节 实际操作

297. 电流互感器产生误差的主要原因是什么？

答：在实际中，理想的电流互感器是不存在的。因为，要使电磁感应这一能量转换形式持续存在，就必须持续供给铁芯一个励磁磁动势 I_0。所以实际的电流互感器中，其磁动势平衡方程式应该是

$$I_1N_1 + I_2N_2 = I_0N_1 \qquad (4-6)$$

式中 I_1——一次绕组中的电流；

I_2——二次绕组中的电流；

I_0——励磁电流；

N_1——一次绕组的匝数；

N_2——二次绕组的匝数。

可见，励磁磁动势的存在是电流互感器产生误差的原因。

298. 电流互感器一次电流对误差有什么影响？

答：电流互感器比差随着一次电流的增加，误差逐步向正方向增加；角差随着一次电流的增加，误差逐步向负方向减少。这也就是电流互感器的电流特性。

299. 电流互感器二次负荷对误差有什么影响？

答：当二次负荷由小变大时，电流互感器的比值误差 f_I 由正向负变化。当负荷功率因数由1.0降到0.8时，比值差的绝对值增大，相位差减小。这也就是电流互感器的负荷特性。

300. 电流频率对电流互感器的误差有什么影响？

答：电源频率增高时，比差和角差均减小，电源频率降低

时，比差和角差均增大。这也就是电流互感器的频率特性。

301. 使用电流互感器时应注意哪些事项？

答：应注意以下事项：

(1) 选择电流互感器的变比要适当，二次负载容量要大于额定容量的下限和小于额定容量的上限，要选择符合规程规定的准确度等级，以确保测量的准确性。

(2) 电流互感器一次绕组串接在线路中，二次绕组串接在测量仪表中，接线时要注意极性正确，尤其是电能表、功率的极性不能接错。

(3) 电流互感器运行时在二次回路上工作，不允许开路以确保人身和设备安全；如需要校验或更换电流互感器二次回路中的测量仪表时，应先用铜片将电流互感器二次接线端短接。

(4) 电流互感器二次侧应有一端接地，以防止一、二次绕组之间绝缘击穿危及人身和设备的安全。

302. 电流互感器运行时造成二次开路的原因有哪些？

答：(1) 电流互感器安装处有振动存在，其二次导线接线端子的螺丝因振动而自行脱钩。

(2) 保护盘或控制盘上电流互感器的接线端子连接片带电测试误断开或连接片未压好。

(3) 经切换可读三相电流值的电流表的切换开关接触不良。

(4) 电流互感器的二次导线，因受机械损伤断开。

303. 电流互感器运行时二次开路后如何处理？

答：(1) 运行中的高压电流互感器，其二次出口端开路时，因二次开路电压高，限于安全距离，人不能靠近，必须停电处理。

(2) 运行中的电流互感器发生二次开路，不能停电的应该设法转移负荷，在低峰负荷时作停电处理。

（3）若因二次接线端子螺丝松造成二次开路，在降低负荷电流和采取必要的安全措施（有人监护，处理时人与带电部分有足够的安全距离，使用有绝缘柄的工具）的情况下，可不停电将松动的螺丝拧紧。

304. 运行中的电流互感器二次开路时，二次感应电动势大小如何变化？

答：运行中的电流互感器二次所接负载阻抗非常小，基本处于短路状态，由于二次电流产生的磁通和一次电流产生的磁通互相去磁的结果，使铁芯中的磁通密度在较低的水平，此时电流互感器的二次电压也很低。当运行中二次绕组开路后，一次侧电流仍不变，而二次电流等于零，二次磁通就消失了，这样，一次电流全部变成励磁电流，使铁芯骤然饱和，由于铁芯的严重饱和，二次侧将可能产生高电压，对二次绝缘构成威胁，对设备和运行人员有危险。

305. 运行中的电流互感器二次开路时，二次感应电动势大小与哪些因素有关？

答：（1）与开路时的一次电流值有关。一次电流越大，其二次感应电动势越高，在短路故障电流的情况下，将更严重。

（2）与电流互感器的一、二次额定电流比有关。其变比越大，二次绕组匝数也就越多，其二次感应电动势越高。

（3）与电流互感器励磁电流的大小有关。励磁电流与额定电流比值越大，其二次感应电动势越高。

306. 如何正确选择电流互感器的额定容量？

答：电流互感器的额定容量是指二次额定电流 I_{2e} 通过二次额定负载阻抗 Z_{2e} 时所消耗的视在功率 S_{2e}，可直接用 VA 值表示，也可用二次阻抗 Z_{2e} 的欧姆值来表示。

$$Z_{2e}=\frac{S_{2e}}{I_{2e}}(\Omega) \tag{4-7}$$

307. 如何正确选择电流互感器的额定电压?

答：电流互感器的额定电压是指其一次绕组对地或对二次绕组能长期承受的最大电压值（有效值），而不是指一次绕组两端所加的电压。电流互感器的额定电压等级应与电网的额定电压等级一致，故所选电流互感器的额定电压应不低于其安装处的线路额定电压或电气设备额定电压。

308. 如何正确选择电流互感器的电流比?

答：选择电流互感器应按其长期最大的二次工作电流 I_2，选择其一次额定电流 I_{1e}。使 $I_{1e} \geqslant I_2$，但不宜使电流互感器经常工作在额定的一次电流的 1/3 以下，并尽可能使其工作在一次额定电流的 2/3 以上。

309. 为什么要选用 S 级的电流互感器?

答：由于 S 级电流互感器能在额定电流的 1%～120%之间都能准确计量，故对长期处在负载电流小，但又有大负荷电流的用户，或有大冲击负荷的用户和线路，为了提高计量准确度，则可选用 S 级电流互感器。

310. 穿芯式电流互感器使用时应注意什么?

答：由于穿芯式电流互感器不设一次绕组，其变比根据一次绕组穿过互感器铁芯中的匝数确定，穿心匝数越多，变比越小；反之，穿心匝数越少，变比越大，额定电流比：$\frac{I_1}{N}$式中，I_1 为穿心一匝时一次额定电流；N 为穿心匝数。

311. 多抽头式电流互感器接线注意事项有哪些?

答：多抽头式电流互感器接线应注意以下事项：

（1）多抽头式电流互感器的一次绕组 L1 必须接电源侧，

不能反接，反接会造成变比错误。

(2) 多抽头式电流互感器的二次绕组 K1、K2、K3、K4 必须按铭牌规定的变比接线，乱接会造成变比错误。

(3) 多抽头式电流互感器不用的抽头不能短接和接地，否则会出现接线错误。

(4) 多抽头式电流互感器，当改变二次抽头时就必须改变电能表的倍率，一起更正新的变比。

(5) 多抽头式电流互感器的二次接线端子必须有接线盒和封铅印的装置，供电部门接线完毕后封好铅封，用户不能开封，否则按窃电处理。

312. 电流互感器二次绕组上能有熔断器吗?

答：不能安装熔断器。因为电流互感器倘若二次发生开路，一次电流将全部用于励磁，使铁芯严重饱和。交变的磁通在二次绕组上将感应出很高的电压，其峰值可达几千伏甚至上万伏，这么高的电压作用于二次绕组及二次回路上，将严重威胁人身安全和设备安全，甚至绕组绝缘因过热而烧坏，保护可能因无电流而不能反映故障，对于差动保护和零序电流保护则可能因开路时产生不平衡电流而误动作。所以，电流互感器在运行中严禁开路。

313. 电流互感器的接线方式有哪几种?

答：常用电流互感器测试各相电流的接线如图 4-5 所示。

(1) 用一台电流互感器测量单相负荷电流的接线，如图 4-5 (a) 所示。

(2) 用两台电流互感器测量三相电流的接线，如图 4-5 (b) 所示。

(3) 用三台电流互感器测量三相电流的接线，如图 4-5 (c) 所示。

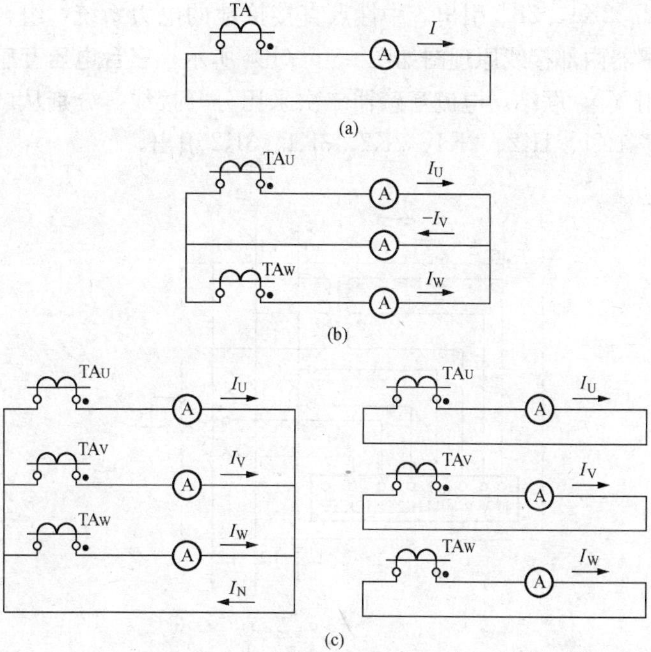

图 4-5 电流互感器测量电流的接线

（a）一台电流互感器测量单相负荷电流的接线；（b）两台电流互感器测量三相电流的接线；（c）三台电流互感器测量三相电流的接线

314. 使用穿芯式电流互感器时，怎样确定电流互感器一次侧的匝数？

答：必须按照铭牌上提供的电流互感器变比和一次匝数进行绕制。一次线穿过电流互感器中间孔的次数，即为电流互感器一次侧的匝数。

315. 组合式互感器的内部接线原理图是怎样的？

答：中性点绝缘或小电流接地的电力系统，组合式互感器内部接线原理图如图 4-6（a）所示；两台电压互感器采用 Vv 联结。电流互感器二次采用分开接线，分别从二次端子 1K1、

1K2、2K1、2K2 引出。中性点直接接地的电力系统，组合式互感器内部接线原理图如图 4-6（b）所示；三台电压互感器采用 Y_0y_0 联结。电流互感器二次采用分开接线，分别从二次端子 1K1、1K2、2K1、2K2、3K1、3K2 引出。

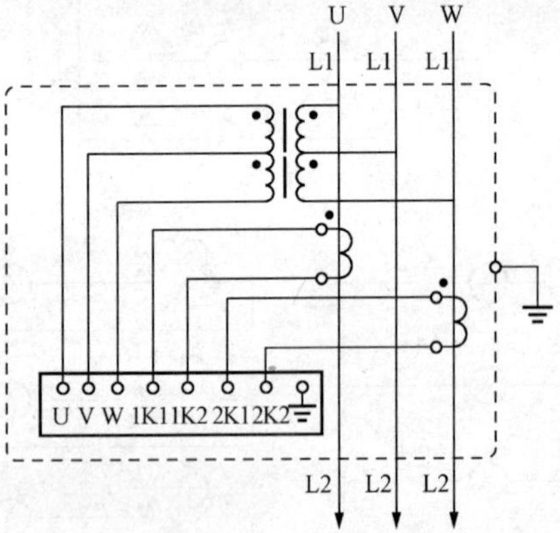

(a)

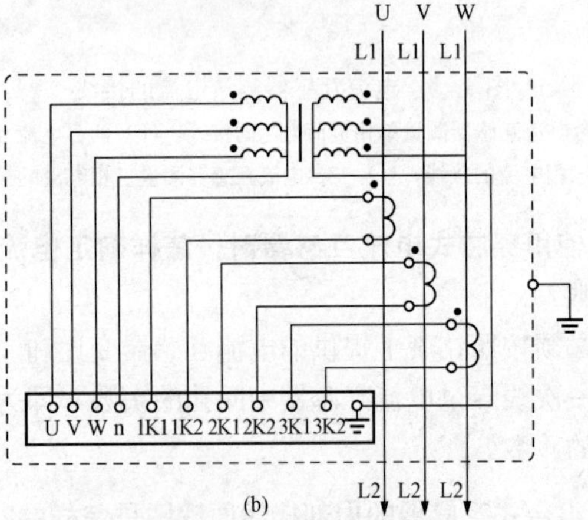

(b)

图 4-6　中性点直接接地的电力系统，组合式互感器内部接线

(a) 接线之一；(b) 接线之二

316. 使用组合式互感器有哪些注意事项?

答:(1)中性点绝缘或小电流接地电力系统,不允许采用电压互感器中心点接地的 Y_0y_0 方式联结(仅指电能计量装置专用的组合式互感器)。防止电压互感器过电压和谐振过电流。

(2)电流互感器变比选择不宜过小。应满足电流互感器动、热稳定要求。

(3)电流互感器不得采取二次抽头和二次多绕组方式来改变互感器的变比。以防止倍率差错和电流互感器误差改变。

(4)互感器一、二次的接地必须通过外部连接实现,各个接地点(包括箱体)连接必须牢固、可靠。

第五章 互感器的试验

第一节 基本知识

317. 检定互感器应遵守哪几个技术规程?

答：互感器的准确度受实际工作条件的制约，主要影响量有环境温度与湿度、电源的频率与失真度、一次电流与电压的范围、二次负荷的大小与功率因数等。国家颁布的 JJG 313—1994《测量用电流互感器检定规程》与 JJG 314—1994《测量用电压互感器检定规程》是检定互感器必须遵守的技术规程。

318. 电压、电流负载箱是做什么用的?

答：电流（电压）负荷箱用于检定电流（电压）互感器时，给被试互感器提供额定负荷与下限负荷。检定规程规定，电流、电压负荷箱在额定频率下（50Hz）、周围温度为 20±5℃时，准确度应达到 3 级，且周围温度变化 10℃时，误差变化不超过±2%。

319. 什么是互感器的比差?

答：互感器的比差即为比值误差，即指互感器的实际二次电流（电压）乘上额定变比与一次实际电流（电压）的差，对一次实际电流（电压）的百分数。

320. 什么是互感器的角差?

答：互感器的角差即为相角误差，即指互感器的二次电流（电压）相量逆时针转 180°后与一次电流（电压）相量之间的相位差。

321. 电压互感器试验的目的是什么?

答：电压互感器试验的目的是为了保证计量的准确性和设备安全可靠。

322. 检查电压互感器的直流电阻使用什么仪器?

答：用万用表测量一次绕组和二次绕组的直流电阻，目的是检测一次和二次绕组有无断线和接触是否良好，特别是一次绕组，因为导线直径小容易烧坏以及有无匝间短路等。

323. 电流互感器退磁试验有哪几种方法?

答：最佳的退磁方法应按厂家在标牌上标注的或技术文件中所规定的退磁方法和要求为宜。

如果制造厂未做规定，可根据具体情况，在下面介绍的方法中选一种合适的方法进行退磁。

(1) 开路退磁法：在一次（或二次）绕组中选择其匝数较少的一个绕组通以10%的额定一次（或二次）电流，在其他绕组均开路的情况下，平稳、缓慢地将电流降至零。退磁过程中应监视接于匝数最多绕组两端的峰值电压表，当指示值超过2600V时，则应在较小的电流值下进行退磁。

(2) 闭路退磁法：在二次绕组上接一个相当于额定负荷10～20倍的电阻（考虑足够容量），对一次绕组通以工频电流，由零增至1.2倍的额定电流，然后均匀缓慢地降至零。对具有两个或两个以上二次绕组的电流互感器进行退磁时，若所有二次绕组均与同一个铁芯交链，其中一个二次绕组接退磁电阻，其余的二次绕组应开路。

324. 检定电流互感器误差前为什么要进行退磁试验？开路退磁法和闭路退磁方法有什么不同?

答：电流互感器采用直流法检查极性、或在大负荷下切断电源以及发生二次绕组开路的现象后，都会在电流互感器的铁芯中造成剩磁，使互感器增加附加误差，对互感器的性能造成影响，所以检定电流互感器误差前要进行退磁试验。

退磁方式有开路和闭路两种。开路退磁是在一次绕组加小电流，二次绕组开路的情况下进行的；闭路退磁是在一次绕组通电流，二次绕组接大负荷形成闭合回路的情况下进行的。

325. 电流互感器一、二次绕组直流电阻试验应注意什么?

答：一、二次绕组直流电阻试验应注意的事项为：

电流互感器和电压互感器有些不同，电流互感器一、二次绕组都是用粗导线不易断线，但仍然要测试主要是测试接线端子是否良好，接触是否良好，焊接的线头要特别注意，如测试直流电阻值就是做详细检查，否则接线做成开路或带大电阻值的开路，产生高压会烧坏设备或发生触电人身事故。

326. 电流互感器一、二次绝缘电阻试验采用什么仪器?

答：一、二级绕组绝缘电阻试验采用的仪器如下：

(1) 用绝缘电阻表测量电流互感器的绝缘电阻，即一次绕组对壳，二次绕组对壳，一次绕组对二次绕组。一次高压侧应使用2500V绝缘电阻表，其绝缘电阻允许值如表5-1所示。

表5-1　电流互感器一次绕组绝缘电阻允许值　kV

电压互感器	额定电压	6	10	35	110	220
	出厂试验电压	32	42	95	200	400
	大修及预试试验电压	28	38	85	180	360

(2) 二次低压侧使用1000～2500V绝缘电阻表测试，其绝缘电阻不应低于30MΩ。

第二节 技术规定

327. 检定互感器实验室的环境有什么要求?

答：检定互感器实验室的环境有下列要求：

(1) 周围气温为+10～+35℃，相对湿度不大于80%。

(2) 存在于工作场所周围与检定工作无关的电磁场所引起的测量误差，不应大于被检电流互感器误差限值的1/20。用于检定工作的电流发生器、调压器、大电流电缆线等所引起的测量误差，不应大于被检电流互感器误差限值的1/10。

(3) 电流、电压互感器试验室应分开，且应该有足够的高压安全距离，校验仪和被检互感器之间应有3m以上距离，有条件的应装设带有闭锁装置的安全遮栏。

328. 检定互感器时电源应符合什么条件?

答：电源及调节设备应保证具有足够的容量及调节细度，并应保证电源的频率为50±0.5，(60±0.6)Hz，波形畸变系数不得超过5%。

329. 检定互感器时对标准互感器有何要求?

答：标准互感器的准确度等级至少应比被检互感器高两个等级，且其误差在检定有效期内，相对变化（变差）不应超过误差限值的1/3。

330. 对做试验用的连接导线有什么规定?

答：二次定值导线通常为0.05Ω或0.06Ω。大电流导线由多股软铜线外包绝缘纺织制成，线头焊有黄铜或紫铜的接线鼻或接线板。接线时，要与互感器接线端子应能牢固连接，尽量减少接触电阻。大电流导线一般采用电流密度为3～5A/mm^2，每米压降约50～80mV。

331. 对做试验用的调节设备有什么规定?

答：升流器和升压器应有足够的电流与电压输出容量。升流器需要的输出电压与所连接的电流互感器额定安匝数有很大关系，额定安匝数大，回路阻抗也大，通常情况下，1kA 到 3kA 的输出约需 5V 电压，功率容量为 5kVA 到 10kVA。升压器的短路电压一般选 6%～8%，10kV 升压器的容量可选用 1kVA 到 2kVA。电压调节装置应有足够的细度，一般应有粗调和细调两挡，细调电压范围是粗调电压范围的±5%左右。

332. 互感器试验项目有哪些?

答：互感器试验项目有：

（1）外观检查。

（2）绝缘电阻的测定。

（3）工频电压试验。

（4）绕组极性的检查。

（5）退磁。

（6）误差的测量。

333. 互感器外观检查有什么要求?

答：如有下列缺陷之一者，需修复后方予检定。

（1）没有铭牌或铭牌中缺少必要的标记。

（2）接线端钮缺少、损坏或无标记；穿芯式电流互感器没有极性标记。

（3）多变比电流互感器在铭牌或面板上未标有不同电流比的接线方式。

（4）严重影响检定工作进行的其他缺陷。

334. 对互感器的绝缘电阻测量有什么要求?

答：可以用绝缘电阻表测量其各绕组之间和绕组对地之间的绝缘电阻值。凡用电压等级 500V 绝缘电阻表测量电流互感器一次绕组对二次绕组及对地间的绝缘电阻值小于 5MΩ 者不予检定。

335. 电压互感器绝缘电阻试验使用什么仪器？阻值有什么规定？

答：一、二次绕组绝缘电阻试验：

（1）用绝缘电阻表测量电压互感器各绕组和绕组对地的绝缘电阻，高压侧应使用 2500V 绝缘电阻表，其绝缘电阻允许值如表 5-2 所示。

表 5-2　　电压互感器一次绕组绝缘电阻允许值　　MΩ

类别 \ 电压等级（kV）	3～6	10～35	35 以上
交接	1000	3000	8000
大修	1000	3000	5000
预防试验	1000	2000	2000

（2）二次低压侧使用 1000～2500V 绝缘电阻表测试，其绝缘电阻不应低于 30MΩ。

336. 电压互感器一次绕组耐压试验对耐压时间有什么规定？

答：一次绕组耐压时间规定如下：

（1）交接试验的电压互感器如有机绝缘经受交流耐压时间 5min；无机绝缘经受交流耐压时间 1min。

（2）设备大修和预防性试验的电压互感器经受交流耐压时间是 1min。

（3）电压互感器二次绕组的耐压试验规定，交接试验的并用于交流电力系统的是 3000V（有效值），交流耐压时间 1min。设备大修的电压互感器 2000V（有效值），交流耐压时间 1min，预防性试耐压时间 1min。

337. 电压互感器一次绕组交流耐压试验的标准有什么规定?

答：用耐压试验装置进行对电压互感器耐压试验，用于交流电力系统的电压互感器的交流耐压试验标准如表5-3所示。

表5-3　电压互感器交流耐压试验标准　kV

电压互感器	额定电压	6	10	35	110	220
	出厂试验电压	32	42	95	200	400
	大修及预试试验电压	28	38	85	180	360

338. 电压互感器的等级和误差范围是什么?

答：电压互感器的等级和误差范围如表5-4所示。

表5-4　电压互感器的等级和误差范围　kV

电压互感器	额定电压	6	10	35	110	220
	出厂试验电压	32	42	95	200	400
	大修及预试试验电压	28	38	85	180	360

339. 对多变比、穿芯式电流互感器检定有什么规定?

答：对多变比电流互感器检定所有的电流比都应检定。穿芯式电流互感器可以在每一额定安匝下只检定一个电流比。

340. 穿芯式电流互感器检定时一次导线如何分布?

答：凡厂家未标记穿心导线固定位置的，测试时，穿心导线的分布应不受限制。如因导线位置变动引起误差变化，则以误差大的数据为准，而人为的变更导线位置取得的合格误差数值应视为无效。

对10kA及以上穿芯式电流互感器，首次检定时，必须在穿心导线对称分布和不对称分布两种连接方式下检定，出具两组数据，标明达到的准确度等级。以后送检，可按用户要求，允许只做其中一种导线连接方式下的检定，并在报告中注明。

341. 电流互感器一次绕组耐压试验有什么规定?

答:(1)用耐压试验装置进行对电流互感器耐压试验，用于交流电力系统的电流互感器的交流耐压试验标准数据，如表5-5所示。

表5-5　电流互感器交流耐压试验标准　kV

电压互感器	额定电压	6	10	35	110	220
	出厂试验电压	32	42	95	200	400
	大修及预试试验电压	28	38	85	180	360

(2)一次绕组耐压时间规定。

1)交接试验的电流互感器如用有机绝缘经受交流耐压时间5min;用无机绝缘经受交流耐压时间1min。

2)设备大修和预防性试验的电压互感器经受交流耐压时间是1min。

(3)电流互感器二次绕组的耐压试验规定，交接试验并用于交流电力系统的，应加交流电压3000V(有效值)，时间1min，交流耐压试验。设备大修的电流互感器应加交流电压2000V(有效值)，时间1min，交流耐压试验。

342. 对被检电流互感器每个误差测量点的测量次数有什么规定?

答:被检电流互感器每个误差测量点的测量次数规定:

(1)凡高于0.2级(包括0.2级)作标准用的多变比电流互感器，每个安匝数仅检一个变比的电流上升与下降时各测量点的误差，其余的只测电流上升时的误差(额定一次电流等于和小于1A除外)。

(2)作一般测量用的0.2级及以下的电流互感器，每个测量点只需测量电流上升时的误差。电流的上升和下降，均需平稳而缓慢地进行。

343. 标准电流互感器的鉴定周期如何规定?

答：作标准用的电流互感器，其检定周期一般定为2年。只作测量用的电流互感器，可根据技术性能、使用的环境条件和频繁程度等因素，确定其检定周期，一般为2～4年。凡0.2级以上（包括0.2级）作标准用的电流互感器，在连续2个周期3次检定中，最后1次检定结果与前2次检定结果中的任何1次比较，其误差变化不超过误差限值的1/3时，检定周期可延长原定的50，即检定周期为3年。如果第4次检定仍满足上述要求，检定周期仍可继续延长1年，即检定周期为4年。作标准用的电流互感器，如果在一个检定周期内误差变化超过其误差限值的1/3时，检定周期应缩短为1年。凡配校验台专用的电流互感器首次检定后可不再单独周期检定，允许与装置一起整检。

344. 电流互感器的等级和误差范围有什么规定?

答：电流互感器的等级和误差范围如表5-6所示。

表5-6 电流互感器的等级和误差范围

准确度等级	比差值（±%）					相位差（±′）				
	额定电流下的百分数值					额定电流下的百分数值				
	1	5	20	100	120	1	5	20	100	120
0.2		0.75	0.35	0.2	0.2		30	15	10	10
0.5		1.5	0.75	0.5	0.5		90	45	30	30
1		3.0	1.5	1.0	1.0		180	90	60	60
0.2S	0.75	0.35	0.2	0.2	0.2	30	15	10	10	10
0.5S	1.5	0.75	0.5	0.5	0.5	90	45	30	30	30

345. 互感器现场检验与室内检验有什么区别?

答：互感器的现场检验与实验室检定相同的地方，都是对互感器的误差进行测量，判断是否符合准确度等级。但现场检验还有其他内容，它要求测量或计算互感器在实际二次负载下的误差，包括电压互感器二次接线压降引起的误差，并计算出三相电流、电压互感器组整体的合成误差。

第三节 实际操作

346. 用“比较法”检查电流互感器极性的试验接线图是怎样的?

答：比较法检查电流互感器极性的试验接线图，如图 5-1 所示。

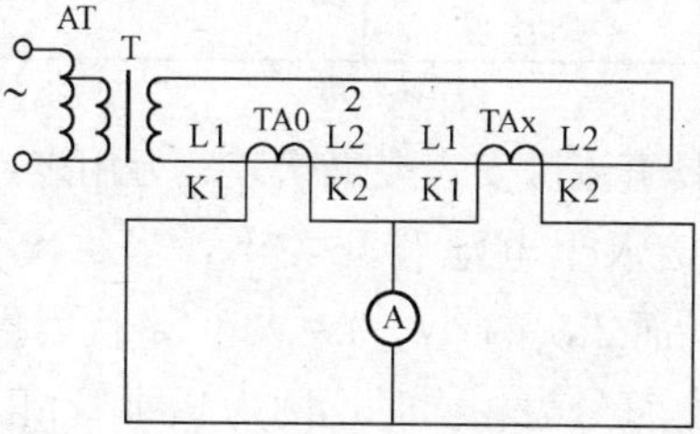

图 5-1 电流互感器极性的试验接线图

TA0—标准电流互感器；TAx—被检电流互感器；A—电流表

说明：试验如图所示，TA0 极性已知，接入电流后，如电流表读数很小接近等于零，则 TAx 为图中标志的减极性。如电流表读数很大，最大等于（$I_{02}+I_{x2}$），则 TAx 为加极性。

347. 电压互感器试验前应做哪些检查?

答：电压互感器试验前必须进行外观检查，检查时注意电压互感器是否完善外部不应有机械损伤，其表面应清洁干净，且不应有裂纹或破损等缺陷，油浸式互感器有无漏油、渗油现象，油面是否位于正常油位。同时检查互感器有无标明必要的技术参数在铭牌上和极性符号。

348. 三相电压互感器组别试验的方法是什么？

答：三相电压互感器组别试验方法有：双电压表法、直流表法、互感器试验器法。下面介绍直流表法和互感器试验器法试验。试验结果如表 5-7 所示。

表 5-7　试验结果

一次 / 二次	UV	VW	UW
uv	+	−	+
vw	−	+	+
uw	+	+	+

(1) 用 3 具直流微安表或毫伏表、万用表，接于电压互感器二次，一次接入干电池和开关 K，当每次分别接入 UV、VW、UW 时，而二次的 uv、vw、uw 毫伏表指示符号，均应与“+”、“−”符号表相同时，则为 0 即 12 组别。

(2) 测试时按表中所示三种接线进行试验，测出的结果，当符合一次和二次的极性“+”、“−”符号相符时，则为 0 即 12 组别。

(3) 可用互感器测试仪测试误差和极性，组别一同测试，被测和校准的互感器与校验仪应相应标记接线，通电后，极性指示器上没有指示为减极性，即正确接线。

349. 电压互感器误差试验前的注意事项有哪些？

答：试验前注意事项如下：

(1) 标准电压互感器与被试电压互感器的额定变换系数应相同。

(2) 校验仪器放置位置应远离外磁场和大电流接线，实际距离应视外磁场源和电流强度来决定，但至少应大于0.7m。

(3) 标准和被试的电压互感器的所有接线应接触可靠、良好。

(4) 标准电压互感器二次负荷应为额定值，HE11型试验仪器导纳为50kS、$\cos\varphi=1.0$，对5VA的标准电压互感器，基本合适。

(5) 对单相和三相三绕组的电压互感器，测量二次绕组的误差时，零序绕组应开路，其一端应接地。

(6) 操作人员和高压电源应保持一定的安全距离，并有防止触及高压的安全措施。

350. 电压互感器误差试验前应做哪些准备工作?

答：试验时的准备工作有：

(1) 详细检查接线是否正确，接线应按要求接线。

(2) 检流计调节到零位，并调节其灵敏度。

(3) 对三相电压互感器应施加三相对称平稳电压、电源电压的相序和被检互感器相序应一致，三相二次负荷按三角形接法，各相负荷为额定负荷的1/3。

(4) 利用极性指示器检查被试电压互感器的极性。将已知极性的标准电压互感器和被试电压互感器的二次绕组端子，按标记与仪器端子符号对应接好，加入电源，如极性指示器动作，表示极性反了，否则极性相同。

(5) 将试验仪器的量限开关切换到测量误差挡，从最小倍率开始。

351. 电压互感器误差试验步骤是什么?

答：误差试验操作步骤如下：

操作调压器应逐步调节调压器使电压慢慢升高，先在10%额定电压下测试误差，误差读数和被测电压互感器级别相当，则可继续缓慢上升电压分别测试各点的误差。如有异状，如误差为零或过大，则应回零断开电源再进行检查、试验。在结束后，先将检流计回零，并逐渐降低电压至零后切断电源。其误差与电压互感器的允许误差对照，应符合标准。

352. 电流互感器误差试验前的注意事项有哪些?

答：试验前注意事项如下：

（1）标准电流互感器二次负荷应为额定值，一般多为5VA，即0.2Ω，HE11型互感器校验仪内阻约为0.12Ω，外接导线应为0.08Ω。

（2）检流计和电桥应和强磁设备如大电流发生器等隔离，至少距离为2m以上。

（3）接地导线截面不得小于1.5mm^2，可以接于任何接地系统。

（4）负荷准确度不超过额定值的±3%。

（5）试验多抽头的电流互感器时，除被试的二次绕组外，其余的绕组都应进行短路。

353. 电流互感器误差试验前应做哪些准备工作?

答：试验时的准备工作如下：

（1）详细检查接线是否正确。

（2）检流计调节到零位，并调节其灵敏度。

（3）误差试验前，应对被测电流互感器进行退磁试验。

（4）用极性检测器检查被试电流互感器的极性。将已知极性的标准电流互感器和被试电流互感器的二次端子，按标志和极性指示器端子号对应接好，合上电源，加入些小电流，如极性指示器动作，表示极性反了，否则极性相同。如果在加入额定电流（电压）时，“极性”指示灯亮，可能是互感器的误差过大。

（5）将互感器校验仪“量限”开关切换到测量误差挡，从最小倍率开始。

354. 电流互感器误差试验步骤是什么？

答：误差试验操作步骤如下：

（1）调节调压器缓慢升高电流，逐渐放大检流计的灵敏度旋钮，同时调节互感器校验仪比值差和相角误差的调节手柄，使检流计在最高灵敏度位置时，校验仪达到平衡。

（2）在调节过程中，刻度达到最大不能使互感器校验仪平衡时，则可将检流计信号源断开，再将倍率开关转换到较大的倍率。

（3）试验完毕后，先将检流计回零位，缓慢降低电流至零，切断电源开关。

（4）电流互感器的误差值记录和以上规定的电流互感器的比差和角差对照，是否符合标准。

355. 为什么电流发生器的二次线圈需采取抽头切换方式？

答：电流发生器其实就是一台变压器，不过它可以在二次短路情况下工作。由于电流发生器二次有内阻抗，标准电流互感器和被试电流互感器都有阻抗存在，需要获得大的输出电流，就要电流发生器有高的二次电压，而且还要平稳、缓慢地增加电流。所以；电流发生器的二次线圈采用抽头切换方式变换二次电压，来获得不同电流输出。否则；要么大变比时电流加不上，要么小变比时一动电流加得很大。一般电流发生器和标准电流互感器是组合在一起的。当标准电流互感器变比切换时，电流发生器的抽头同时切换。

356. 在带电的电流互感器二次回路上工作时，应采取哪些安全措施?

答：(1) 短路电流互感器二次绕组时，必须使用短路片或专用短路线。

(2) 短路要可靠，严禁用导线缠绕，以免造成电流互感器二次侧开路。

(3) 严禁在电流互感器至短路点之间的回路上进行任何工作。

(4) 工作必须认真、谨慎，不得将回路的永久接地点断开。

(5) 工作时必须有人监护，使用绝缘工具，并站在绝缘垫上。

357. 电流互感器在进行误差测试之前进行退磁的目的是什么?

答：由于电流互感器铁芯不可避免地存在一定的剩磁，将使互感器增加附加误差，所以在误差试验前，先消除或减少铁芯的剩磁影响而进行退磁。

358. 互感器现场检验要准备哪些设备?

答：(1) 可调电源设备。包括调压器、电流发生器、电压发生器、大电流导线及接线夹具等。如采用三相法检验，调压器及电压发生器应为三相型。一次电流在600A以下时，调压器电流发生器容量可选3kVA，600A以上时可选5kVA。有时候可利用现场的互感器来代替电压发生器或电流发生流器。

(2) 标准设备和仪器。计量用的互感器多为0.5级和0.2级，故标准器的准确度选0.05级较合适，如使用三相法检验，应准备不接地型标准电压互感器。互感器检验仪应能抗电磁干扰，并采取措施减缓运输颠震。

（3）其他仪器设备。万用表、绝缘电阻表、钳形电流表、相位表以及专用的二次试验导线（导线电阻不大于0.06Ω）。

359. 互感器现场检验的注意事项有哪些?

答：互感器现场校验时应注意事项有：

（1）严格遵守《电业安全工作规程》，操作人员与监护人员应职责分明，操作人员应听从监护人员的工作命令。

（2）检验仪与互感器、升流器之间，应保证一定的距离，防止大电流磁场对校验仪的影响。

（3）如果互感器已接地，则校验仪本身不接地。

（4）对多次级的电流互感器进行试验时，非测试的二次绕组应全部短路，以防造成事故。

（5）对于多变比的电流互感器，除了每个量限应进行误差试验外，还需对电流互感器的变比运行工况进行确认，防止差错，影响电能计量的准确。

360. 在现场对电流互感器进行角、比差测试时应注意哪些事项?

答：（1）测试用电源及电源线应有足够容量，且电源线不得盘卷。

（2）电流发生器二次线应尽量短，以免电流升不到需要值。

（3）二次侧多绕组的电流互感器，应认清计量绕组，并将其他绕组短接，以防继电器动作，或其他绕组开路。

（4）被测电流互感器一次侧两边必须有明显断开点，并挂接地线，在测量时方可取掉，测完后马上恢复。

第六章 计量装置接线方式与接线

第一节 计量装置接线方式

361. 怎样确定电能计量装置接线方式?

答：电能计量装置接线方式的确定，应与电力系统的接地方式和供（受）电方式相适应，否则将产生计量电能不正确。电能计量装置接线方式分：单相二线、三相三线、三相四线。

362. 什么是中性点非有效接地系统?

答：中性点不接地、经高值阻抗接地系统、谐振接地系统。本系统也称小电流接地系统。

363. 什么是中性点有效接地系统?

答：中性点直接接地系统或经一低值阻抗接地的系统。本系统也称为大电流接地系统。

364. 什么是谐振接地系统?

答：中性点经消弧线圈接地的系统。

365. 什么是完全星形接法?

答：三台互感器以尾、尾、尾相连接成 Y 形的，称完全星形接法。

366. 什么是不完全星形接法?

答：两台互感器以尾、尾相连接成 V 形的，称不完全星形接法。

367. 什么是 V 形接法?

答：两台互感器以尾、头相连接成 V 形的，称 V 形接法。

368. 单相电力系统应采用什么计量装置?

答：低压供电方式为单相二线者，应采用单相二线电能计量装置，安装单相电能表。

369. 中性点非有效接地电力系统应采用什么计量装置?

答：中性点非有效接地电力系统，应采用三相三线计量装置。安装三相三线（三相二元件）有功电能表和三相三线（三相二元件）无功电能表。

370. 中性点有效接地电力系统应采用什么计量装置?

答：中性点有效接地电力系统，应采用三相四线计量装置，安装三相四线（三相三元件）电能表。

371. 经消弧线圈接地电力系统应采用什么计量装置?

答：经消弧线圈接地电力系统，一般采用三相三线计量装置，但年平均中性点电流大于 $0.1\% I_e$（额定电流）的计费用户，也应采用三相四线计量装置。

372. 中性点有效接地电力系统能否采用三相三线计量装置?

答：中性点有效接地系统（三相四线电力系统），因为：$\dot{I}_U + \dot{I}_V + \dot{I}_W = \dot{I}_n$（中性线电流）；$I_n \neq 0$。当采用三相三线计量装置时，其瞬时表达式为

$$\begin{aligned} p &= u_{uv} i_u + u_{wv} i_w \\ &= (u_u - u_v) i_u + (u_w - u_v) i_w \\ &= u_u i_u - u_v (i_n - i_v) + u_w i_w \\ &= u_u i_u + u_v i_v + u_w i_w - u_v i_n \end{aligned} \tag{6 - 1}$$

相差的是（$-\dot{U}_V \cdot \dot{I}_n$）这一部分。由于 $\dot{I}_n$ 的大小与方向，是一个随负荷变化的相量，所以不能确定是多计还是少计了电量。如果只有一相负载，而且刚好接在 V 相，那么：

$I_n = I_V$；这样肯定是少计电量了。因此，三相四线制电力系统不能采用三相三线计量装置。

373. 中性点非有效接地电力系统能否采用三相四线计量装置?

答：中性点非有效接地电力系统（三相三线电力系统）和三相四线计量装置的中性点不能直接连接。如果采用人工中性点方法，比如三台电压互感器作 YNyn 连接。由于三台电压互感器的参数不可能完全一致，电压互感器的二次负荷也不尽相同。因此电力系统中性点“N”和计量装置中性点“n”之间，会有一个漂移电压“$\dot{U}_{Nn}$”。这样计量装置上的相电压“U_j”就是电力系统相电压“U”与漂移电压“U_{Nn}”的相量差。

即

$$\dot{U}_{jU} = \dot{U}_U - \dot{U}_{Nn} \tag{6-2}$$

$$\dot{U}_{jV} = \dot{U}_V - \dot{U}_{Nn} \tag{6-3}$$

$$\dot{U}_{jW} = \dot{U}_W - \dot{U}_{Nn} \tag{6-4}$$

电能计量装置瞬时功率表达式为

$$\begin{aligned} p &= (u_u - u_{Nn})i_u + (u_v - u_{Nn})i_v + (u_w - u_{Nn})i_w \\ &= u_u i_u + u_v i_v + u_w i_w - u_{Nn}(i_u + i_v + i_w) \end{aligned} \tag{6-5}$$

因为三相三线电力系统 $i_u + i_v + i_w = 0$，所以 $p = u_u i_u + u_v i_v + u_w i_w$。

因为计量装置电压虽然增加了一个 $\dot{U}_{Nn}$，电压零序分量有所变化。但各相电压的正序和负序分量没有改变。三相三线电力系统的零序电流是不能流通的，本来也不会有零序正交功率。结论是：三相四线电能计量装置，可以计量三相四线、三相三线复杂不对称负载电能。

但是，电压互感器中性点直接或者经消谐装置接地，当电力系统发生单相接地时，电压互感器和电能表的相电压上升至线电压，电能表就会因过电压而增加附加误差和发生故障。所以，在中性点非有效接地电力系统中不应采用三相四线计量装置。

374. 三相四线计量装置与三相三线计量装置的主要区别在哪里?

答：三相四线计量装置计量包括；三相交流电的正序、负序和零序分量。三相三相计量装置计量的是三相交流电的正序和负序分量。所以三相四线计量装置保证电源系统中性点与计量装置中性点之间电压 $U_{Nn}=0$ 很重要。三相三线计量装置必须是 $\dot{I}_U+\dot{I}_V+\dot{I}_W=0$。

375. 无功电能计量有什么特点?

答：目前广泛使用的三相无功电能表有：

(1) 感应式三相三线无功电能表。它是通过增加电压线圈的有功分量，使电压元件工作磁通相位前移 30°，与电压线圈端电压相量相差大约 60°相位角，所以也称 60°内相角无功表，如“DX862”型。这种无功电能表适用于三相三线简单不对称负载系统（简单不对称是电压对称电流不对称，或者电流对称电压不对称），作为无功电能的计量。内部接线如图 6-1 所示。当接入该无功表相序为逆相序时，该表计量的既不是无功电能，也不是有功电能。

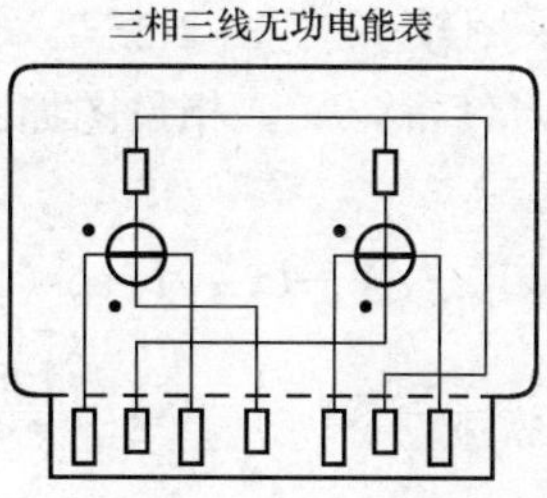

图 6-1　60°内相角无功电能表内部接线图

(2) 感应式跨接90°的三相三元件无功电能表。它是通过线电压的跨接得到三个电压、电流相位角为90°的相量，所以也称90°无功电能表，如"DX864"型。这种无功电能表适用于三相四线和三相三线完全对称负载系统，作为无功电能计量，内部接线如图6-2所示。当接入该无功表相序为逆相序时，该表将倒转。

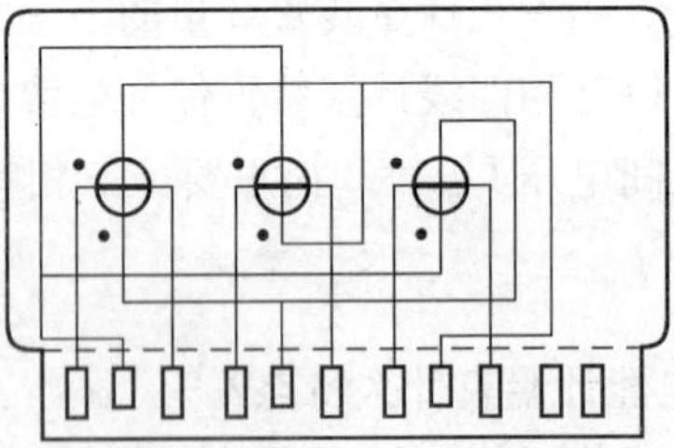

图6-2 三相跨接90°无功表内部接线图

(3) 静止式电能表采用模拟乘法器的无功电能表。它是通过线电压的跨接得到两个（三相二元件）或三个（三相三元件）电压、电流相位角为90°的相量。它的计量原理和感应式无功电能表一样，所以也称90°无功电能表。这种无功电能表适用于三相四线和三相三线完全对称负载系统，作为无功电能计量。这种无功电能表在实际应用中同样存在测量误差。

(4) 静止式电能表采用数字乘法器的三相二元件无功电能表（在多功能表中采用较多）。由于它是采用将电压脉冲延时5ms，相当于电压相量后移90°。相量图如图6-3所示。

功率表达式为

$$
\begin{aligned}
P &= U'_{UV} I_U \cos(60^\circ - \varphi) + U'_{WV} I_W \cos(120^\circ - \varphi) \\
&= U_X I_{xg} \left(\frac{1}{2}\cos\varphi + \frac{\sqrt{3}}{2}\sin\varphi\right) - U_X I_{xg} \left(\frac{1}{2}\cos\varphi - \frac{\sqrt{3}}{2}\sin\varphi\right) \\
&= \sqrt{3} U_X I_{xg} \sin\varphi \qquad (6-6)
\end{aligned}
$$

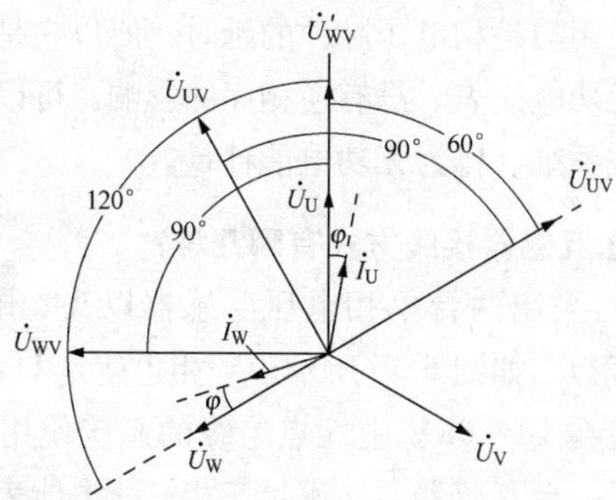

图 6-3 数字乘法器三相二元件无功电能表相量图

由于这样的无功电能表电压、电流采样和有功电能表完全一致，可以计量三相三线复杂不对称负载的无功电能。

(5) 静止式采用数字乘法器的三相三元件无功电能表（在多功能表中采用较多）。由于它是采用将电压脉冲延时 5ms，相当于电压相量后移 90°。相量图如图 6-4 所示。

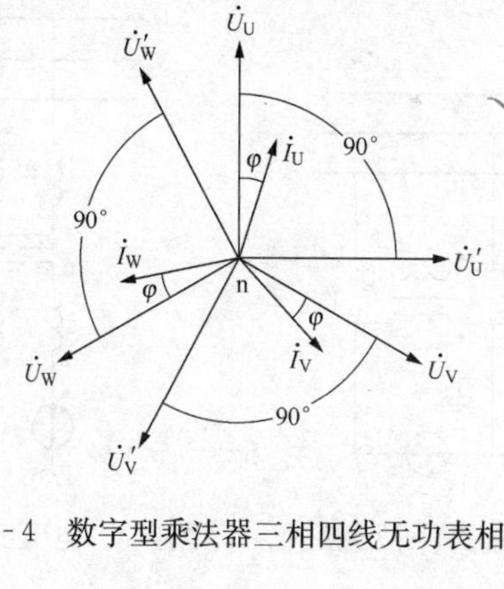

图 6-4 数字型乘法器三相四线无功表相量图

功率表达式为

$$P=U'_{\mathrm{U}}I_{\mathrm{U}}\cos(90°-\varphi)+U'_{\mathrm{V}}I_{\mathrm{V}}\cos(90°-\varphi)+U'_{\mathrm{W}}I_{\mathrm{W}}\cos(90°-\varphi)=3U_{\mathrm{xg}}I_{\mathrm{xg}}\sin\varphi \tag{6-7}$$

由于它采用的是相电压脉冲的延时，所以它是完全意义上的三相四线无功电能表。没有逆相序的影响。可以用于三相复杂不对称负载系统，作为无功电能计量。

376. 电压互感器接线方式有哪几种?

答：（1）采用两台单相电压互感器以头、尾相连成 Vv（不完全三角形）。如图 6-5 所示；V 相也就是 U 相与 W 相的公共相。一般在 10～6kV 中性点绝缘的系统使用这种连接方式。它节省了一台互感器，又满足三相三线电能表接线需要。

（2）采用三台单相电压互感器以尾、尾、尾相连成 Yyn，又称完全星形接法。如图 6-6 所示；一般使用在 35kV 中性点绝缘的系统的计量装置，作连接三相三线电能表的电压。但当所接负荷过多时，而各相负荷分布不均衡，将使测量误差增大。互感器中性点不允许接地，否则当一次侧系统发生单相接地时，会使互感器过电压和产生谐振过电流。

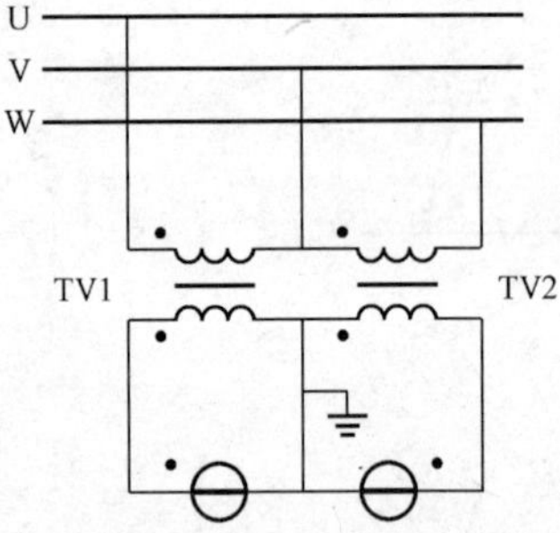

图 6-5　电压互感器 Vv 型连接图

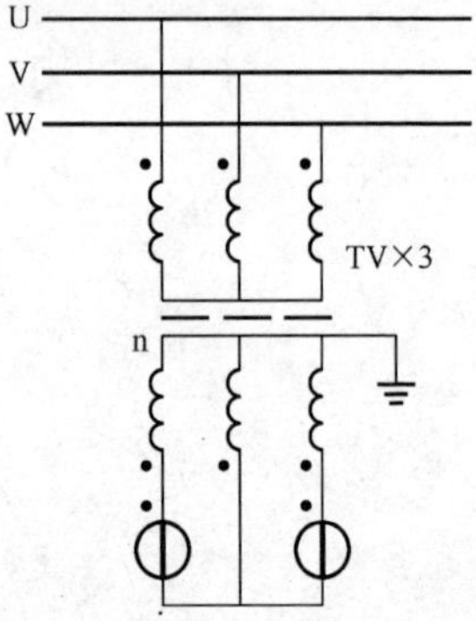

图 6-6　电压互感器 Yyn 连接图

（3）采用三台单相电压互感器以尾、尾、尾相连成 YNyn▷完全星形。如图 6-7 所示；一次、二次中性点全部接地，既可以测量线电压，也可以测量相电压，因而被广泛使用。110kV

及以上计量装置应采用此种方式，辅助二次作开口三角形连接。

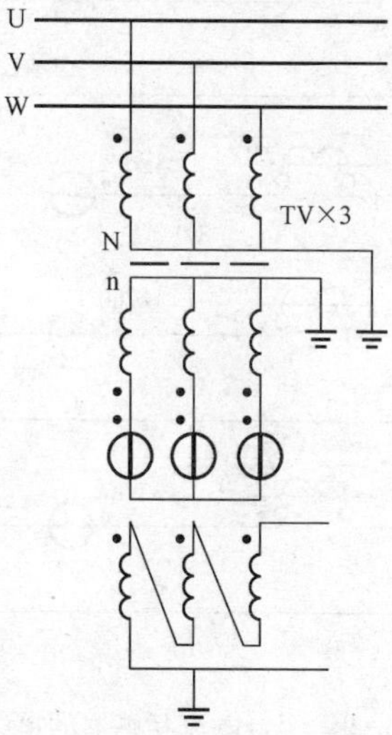

图 6-7 电压互感器 YNyn⊳连接图

377. 电流互感器接线方式有哪几种?

答：常用电流互感器测试各相电流的接线如下：

（1）用一台电流互感器测量单相负荷电流的接线，如图 6-8 所示。

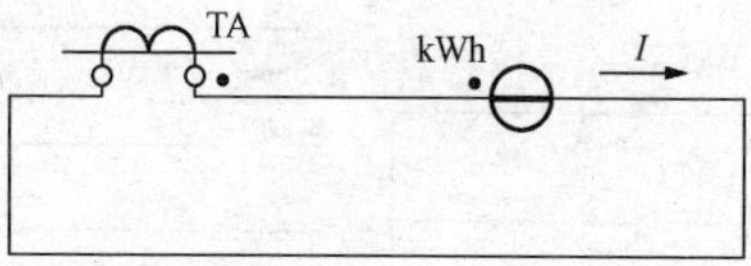

图 6-8 单相电流互感器接线图

（2）用两台电流互感器采用不完全星形接法，满足三相二元件电能表电流之需，如图 6-9（a）所示，V 相也就是 U 相与 W 相的公共相。图 6-9（b）是两台电流互感器作分相接法。

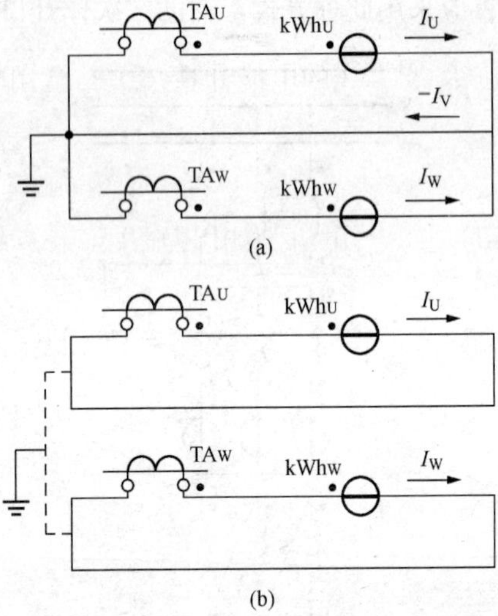

图 6-9 两台电流互感器的接线图

(a) 电流互感器不完全星形接线图；(b) 两台电流互感器分相接线图

(3) 用三台电流互感器以完全星形连接，提供三相三元件电能表电流使用，如图 6-10 (a) 所示。图 6-10 (b) 是三台电流互感器作分相接法。

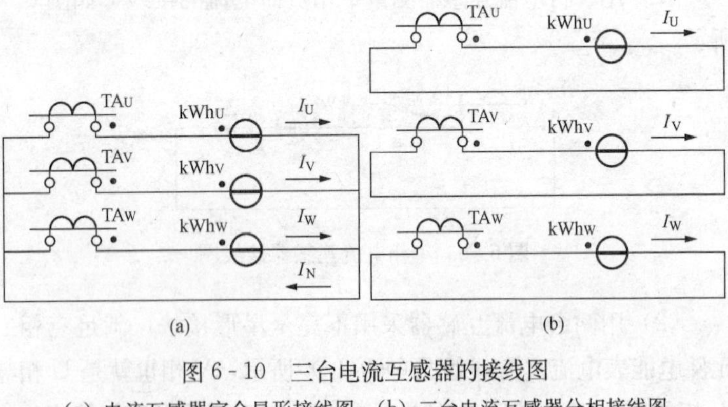

图 6-10 三台电流互感器的接线图

(a) 电流互感器完全星形接线图；(b) 三台电流互感器分相接线图

378. 为什么要采用分相接法?

答：三相三线制接线的电能计量装置，常用的简化三线连接方式，在公共导线中流过U相和W相的合成电流，在公共导线电阻上产生压降，与U相和W相电流互感器原有的二次负荷压降相叠加，使U相和W相电流互感器实际二次负荷总量的大小和功率因数发生很大的变化，其实际计量误差与试验室检定结果有较大的差别，即引入了计量附加误差。所以，三相三线制接线的电能计量装置，其两台电流互感器二次绕组与电能表之间宜采用四线连接。

三相四线制接线的电能计量装置，其三台电流互感器二次绕组与电能表之间推荐采用六线连接，主要原因是常用的简化四线方式连接不利于查出错误接线。

379. 电流互感器并联对变比有什么影响?

答：两个同一相电流的相同额定电流比的电流互感器，其一次线圈顺向连接，二次线圈并联，称电流互感器并联，如图6-11（a）所示。

这时可以把两台电流互感器看作两个等效电流源，如图6-11（b）所示。

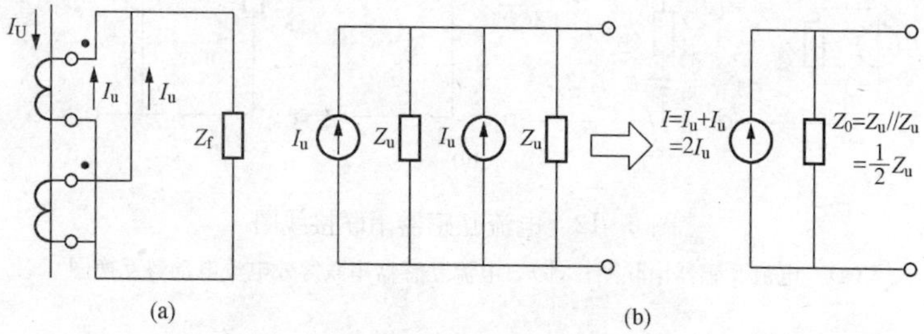

图6-11　电流互感器并联接线图

（a）电流互感器并联图；（b）电流互感器等效电流源并联图

电流互感器并联后，总的电流比为

$$K=\frac{I_u}{I}=\frac{I_u}{2I_u}=\frac{1}{2}K_1=\frac{1}{2}K_2 \qquad (6-8)$$

可见，两台电流互感器并联后，电流比是单台电流互感器的1/2。

380. 电流互感器串联对变比有什么影响?

答：两个同一相电流的相同额定电流比的电流互感器，其一次绕组顺向连接，二次绕组分别顺向连接，称电流互感器串联，如图6-12（a）所示。这时可以把两台电流互感器看作两个等效电流源，如图6-12（b）所示。

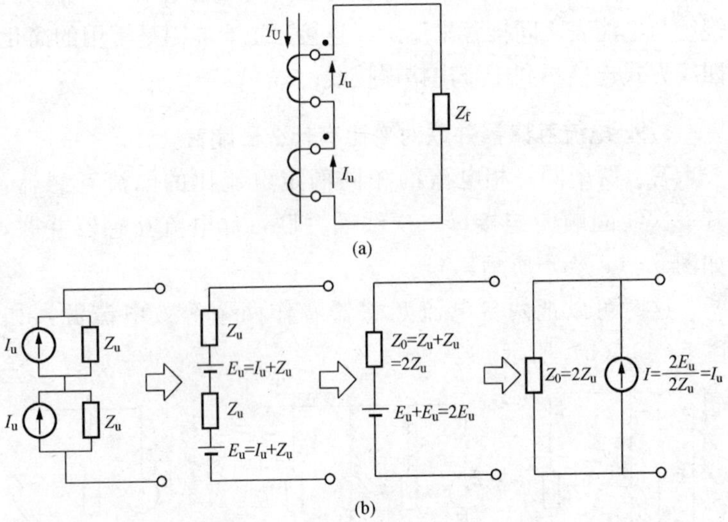

图6-12 电流互感器串联接线图

（a）电流互感器串联图；（b）电流互感器串联等效电流电动势互换图

通过电流、电动势互换原理得到 $I=I_u$

$$K=\frac{I_u}{I}=\frac{I_u}{I_u}=K_1=K_2 \qquad (6-9)$$

可见，两台电流互感器串联后，电流比等于单台电流互感器的电流比。

381. 电流互感器的并联、串联对负载能力有什么影响？

答：根据电流源的特性；电流源的内阻抗 Z_0 越大，负载阻抗 Z_f 变化对输出电流影响就越小，也就是负载能力越强。从图 6-11（b）看到两台电流互感器并联以后总阻抗是原来的 1/2，那么它的负载能力也为原来的 1/2。所以电流互感器并联不可取，因为它会使电流互感器固有的误差增大。从图 6-12（b）看到，当电流互感器串联以后，内阻抗 Z_0 是原来的 2 倍，那么它的负载能力也提高了 1 倍。可见电流互感器串联以后，改善了电流互感器的误差特性。

382. 电流互感器二次多绕组和多抽头有什么区别？

答：电流互感器多绕组是指，电流互感器有同一个一次绕组，有不同的铁芯和绕在不同铁芯上的二次绕组。一般为了获得不同用途的二次，采用二次多绕组方式，比如保护和计量共用时，当电流通过一次绕组时，在不同的铁芯上产生各自的磁通，所以二次多绕组的电流互感器，空余绕组必须短接，否则将产生二次开路。

电流互感器二次绕组多抽头是指，电流互感器有同一个一次绕组，在同一个铁芯和同一个绕组上采用抽头方式改变二次匝数，以改变电流互感器的变比。所以电流互感器二次多抽头绕组，运行时空余绕组不得短接。因为如果短接铁芯中大部分的磁动势都被短接绕组反磁动势平衡了，影响了正常工作的二次电流。

电流互感器二次绕组多抽头，其实只是改变二次匝数来获得不同变比需要。这样会使互感器磁化曲线运行区间改变，引起电流互感器的误差特性改变。其次；电流互感器二次绕组多抽头，引出端子较多容易产生误接线，发生倍率错误，所以电能计量装置不适宜采用二次绕组多抽头式电流互感器。

383. 电压、电流互感器二次负载阻抗增加，二次负荷是增加还是减少？

答：（1）对于电压互感器来说，二次端电压 U_2 的变化不受二次阻抗 Z_f 变化的影响，Z_f 增大，输出电流减小，二次负荷 $S_2=\frac{U_2^2}{Z_f}$；减小。所以电压互感器二次阻抗增加，负荷减少。

（2）对于电流互感器来说，二次电流 I_2 的变化不受二次阻抗 Z_f 变化的影响，Z_f 增大，二次负荷 $S_2=I_2^2Z_f$；增大。所以电流互感器二次阻抗增加，负荷增加。

384. 为什么小电流的穿芯式互感器不能作为计量互感器？

答：由于穿芯式互感器在小电流时磁感应强度不够，所以额定二次容量较小，一般为 5VA。不符合电流互感器二次额定容量不小于 10VA 规程要求。也是因为磁感应强度不够，必须采用一次多绕匝的办法获得额定的变比，容易产生绕匝错误，产生计量倍率错误。所以穿芯式互感器不宜作为电能计量的电流互感器。

385. 如何计算电流互感器二次阻抗？

答：由于电流互感器二次负荷阻抗角较小，二次负荷总阻抗 Z_{2f} 可以将各部分阻抗按式（6-10）直接相加。

$$Z_{2f}=Z_mK_{jx2}+R_K+R_LK_{jx} \tag{6-10}$$

$$R_L=\rho\frac{L}{S}\times10^6$$

式中 Z_m——计算相二次电能表电流线圈阻抗，当互感器二次额定电流为 5A 时，各等级电能表的 Z_m 见表 6-1；

K_{jx2}——串联线圈总阻抗接线系数，当互感器为不完全星形接法，公共相有串联线圈时为$\sqrt{3}$，其余均为 1；

K_{jx}——二次回路导线接线系数，分相接法为 2，不完全星形接法为$\sqrt{3}$，星形接法为 1；

R_K——二次回路接头接触电阻，一般取 0.05～0.1Ω；

R_L——二次回路导线电阻 Ω；

L——导线长度，m；

S——导线截面积，mm^2；

ρ——铜导线电阻率，$\rho=1.8\times10^{-8}$（Ωm）。

表 6-1　各等级电能表电流元件 Z_m 对照表

电能表等级	0.5	1.0	2.0
电流元件损耗（VA）	6.0	4.0	2.5
电流元件 Z_m（Ω）	0.24	0.16	0.10

386. 电流互感器二次额定电流 1A 相比 5A 有什么优点？

答：在电流互感器额定二次负荷相等的情况下，二次额定电流越小，二次阻抗就越大。高压输变电系统一次设备和电能表安装距离较远，有时候可达几百米，导线电阻成为二次阻抗主要分量。电流互感器的额定容量受一次匝数的限制，又不可能无限制地增加二次导线的截面积。所以，采用二次额定电流为 1A 互感器，可以增加互感器二次阻抗值的接入，保证计量的准确。

387. 什么是“一进一出”接线法？

答：单相直接接入式；电能表第一端钮进，第二端钮出，第三端钮进，第四端钮出。简称“一进一出”接线，如图 6-13 所示。

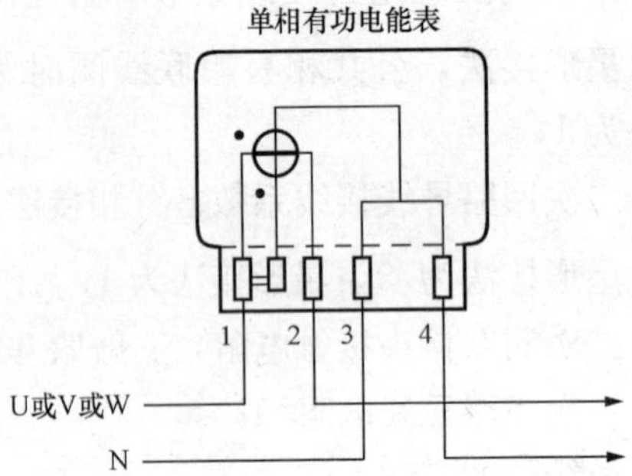

图 6-13　单相电能表“一进一出”接线图

这种接线的特点是：电能表端钮 1、2 接电流线圈，基本上在短路状态运行，端钮 3、4 是 N 线的连接板，相邻端钮之间电位差很小，相对比较安全。但由于进、出线距离较近容易发生窃电问题。功率表达式为

$$P_0 = U_{xg} I\cos\varphi \tag{6-11}$$

式中　P_0——负载实际消耗的有功功率；

U_{xg}——相电压；

I——相电流；

$\cos\varphi$——负载功率因数。

388. 什么是“二进二出”接线法?

答：单相直接接入式；电能表左边两个端钮进，右边两个端钮出。简称“二进二出”接线，如图 6-14 所示。

这种接线的特点是：电能表端钮 1、2 接电压线圈，在额定电压状态下运行，端钮 1 通过电流线圈到端钮 4。端钮 3、4 之间基本上也在额定电压下运行，相邻端钮之间电位差很大，相对安全性差。但由于进、出线距离较远要窃电比较困难。功率表达式为：$P_0 = U_{xg} I\cos\varphi$。

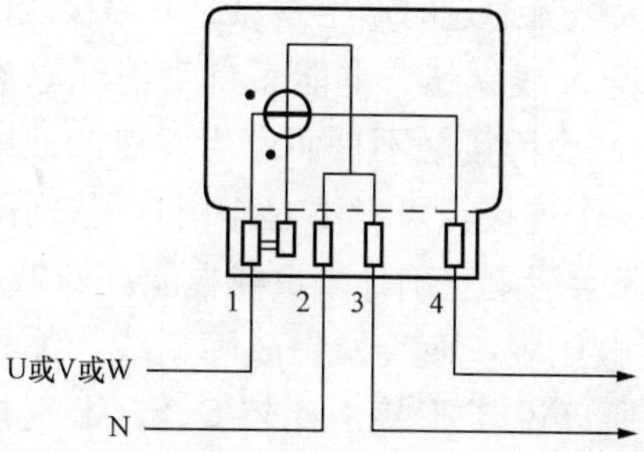

图 6-14　单相电能表“二进二出”接线图

389. 什么是T形接线法?

答：T形接线法就是负载中性线没有经过电能表，只是从电源中性线N引一根导线与电能表连成一个倒T形，如图6-15(a)、图6-15(b)所示。功率表达式为：$P_0=U_{xg}I\cos\varphi$。

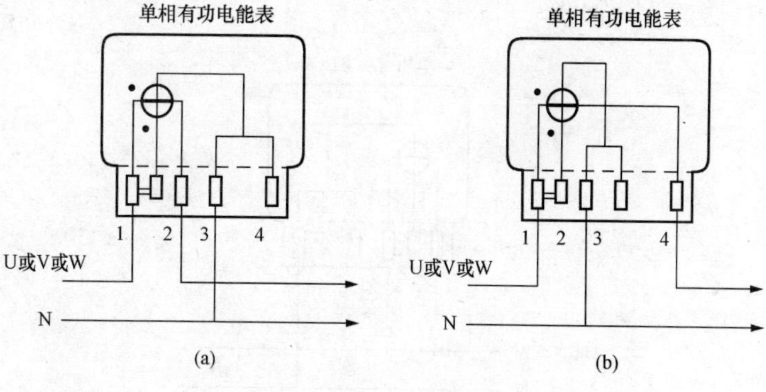

图 6-15　T形接线法

(a) T形接线图之一；(b) T形接线图之二

390. 为什么说T形接线法比较安全?

答：因为电能表N线连接板的固定有两个点，每个点用一个M3～M5螺丝固定，有时候会产生紧固压力不够，接触电阻偏大，当大电流通过时产生发热。T形接线因为负载电流没有经过电能表N线端钮。电能表自身消耗电流很小（毫安级），因此可以减少因接触不良而产生发热的故障。由于减少了连接点（有一个连接点可以不起作用），从而降低了故障产生的概率。又不会影响正确计量负载电能。如果是三相四线电能表N线经过电能表，而且发生故障断线，那样会给负载带来严重威胁。所以说T形接法比较安全。T形接法更适合大电流和多表合装场合。

391. 单相带电流互感器如何接线?

答：对于50A以上单相电能计量装置应采用电流互感器接入式接线，如图6-16所示。其接线特点是：采用电流、电压共线式，接线简便。注意这时电流互感器二次绝对不能接地，否则电压将被直接短路，会烧毁计量设备。功率表达式为：$P_0=U_{xg}I\cos\varphi$。

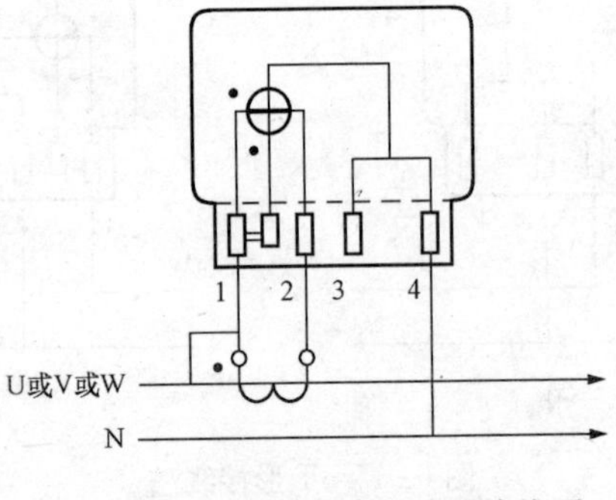

图6-16 单相带电流互感器接线图

392. 什么是同电位接法?

答：由于图6-16采用了电流、电压共线式，使得电能表的电流线圈、电压线圈对于参考点的电位是相同的，所以也称同电位接法。

393. 三相四线电能表直接接入式如何接线?

答：对于三相四线 50A 及以下低压电能计量装置应采用三相四线直接接入式电能表，接线如图 6 - 17 所示。三相四线电能表是三只单相表的组合，由于它结构紧凑，接线简单被广泛采用。功率表达式为

$$P_0 = 3U_{xg} I\cos\varphi \tag{6-12}$$

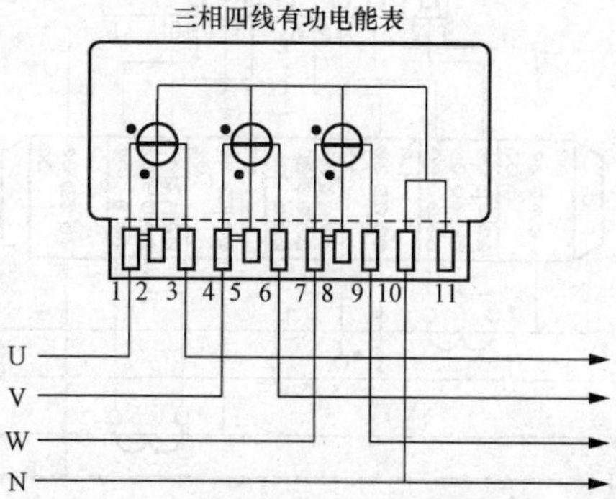

图 6 - 17　三相四线电能表直接接入式接线图

394. 三相四线带电流互感器如何接线?

答：对于三相四线 50A 以上低压电能计量装置应采用三相四线经互感器接入式电能表，接线如图 6 - 18 所示。其接线特点是采用电流、电压分开式和电流回路分相接法。接线安全可靠，降低错误接线的发生。功率表达式为：$P_0 = 3U_{xg} I\cos\varphi$。

395. 为什么要采用电压、电流分开接法?

答：(1) 为了安全应该采用电压、电流分开形式。高压电能计量装置因为互感器二次必须接地，又因为互感器和电能表的电流线圈阻抗很小，如果采用电压、电流共线接法，势必造成电压被接地短路，影响电能计量装置正常运行。

（2）电压、电流分开接法比电压、电流共线法具有更多的灵活性，在带负载换装电能表时（有接线盒或接线端子）较为安全、方便。

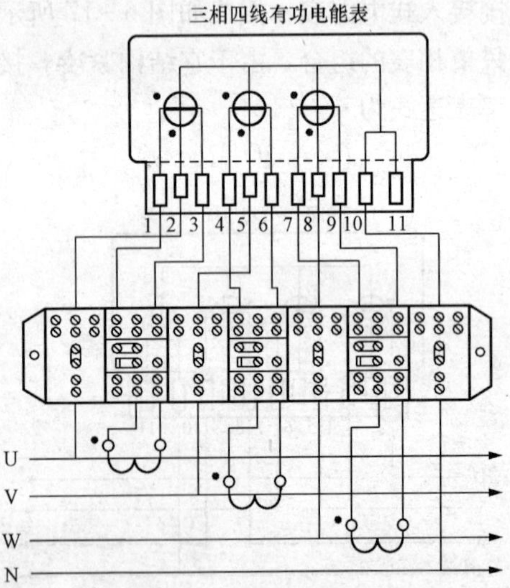

图 6-18　三相四线经电流互感器接入接线图

（3）如果在有功、无功电能表联合接线的电能计量装置中，采用电压、电流共线接法会产生电压分压或者电流旁路情况。所以应该采用电压、电流分开接线。

396. 什么是异电位接法？

答：由于采用了电压、电流分开接法，电能表的电流线圈和电流互感器二次线圈阻抗很小，近似在短路状态运行，电位很低。电压线圈是在额定电压下运行的。这样电能表两个线圈对某一参考点来说电位是不同的。这样的接法也称异电位接法。

397. 能不能采用3只单相电能表替代三相四线电能表？

答：三相四线电能计量装置，采用3只单相电能表替代三相四线电能表时，有时候因为负载的原因其中有一只表会发生倒走情况。感应式电能表倒走摩擦力矩相反，制动力矩相反，会使电能表的误差发生改变，这个误差可能会大于±10%。混合式电能表的拨叉式计度器、步进式计度器没有反向累计电能功能。静止式单相电能表，无论电流方向正或反，电能表都计量，且记录的电量是累加的。当出现类似于单相电焊机负荷时，则造成多计电量。所以不适宜采用3只单相电能表替代三相四线电能表。

398. 低压计量有功率因数考核要求的如何接线？

答：对于有功率因数考核要求的三相四线低压电能计量装置应安装一只三相四线多功能电能表，如图6-19所示。对高供低计用户设定1象限为正向无功。

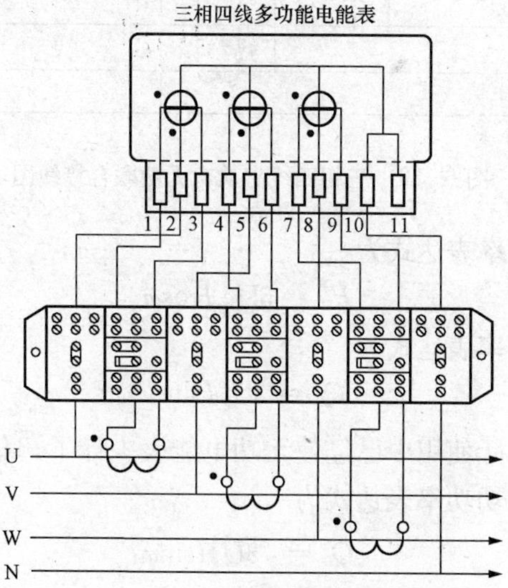

图6-19　低压多功能电能表接线图

也可以安装一只三相四线有功电能表和带止逆器的三相无功电能表联合接线方式，如图 6-20 所示。

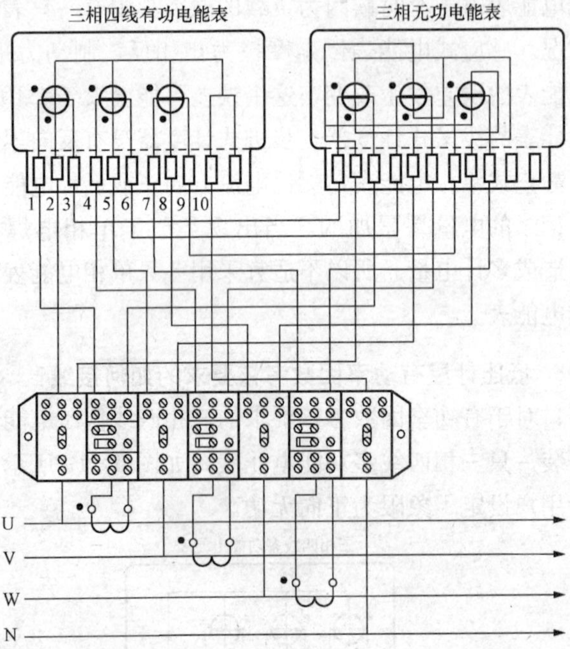

图 6-20　三相四线有功、无功联合接线图

有功功率表达式为

$$P_0 = 3U_{xg}I\cos\varphi \tag{6-13}$$

无功功率表达式为

$$Q_0 = 3U_x I\sin\varphi \tag{6-14}$$

由于实际使用中已经使无功电能表少计了$\sqrt{3}$倍无功电能。所以实际无功功率表达式为

$$Q_0 = \sqrt{3}U_x I\sin\varphi \tag{6-15}$$

功率因数

$$\cos\varphi=\frac{1}{\sqrt{1+\left(\frac{A_Q}{A_P}\right)^2}} \tag{6-16}$$

式中 U_x——线电压；

A_Q——无功电量；

A_P——有功电量。

399. 三相四线高压计量装置怎样接线？

答：三相四线高压电能计量装置，应采用三台电压互感器、三台电流互感器和一只三相四线多功能电能表进行组合。如图 6-21 所示；对高供高计用户设定 1、4 象限为正向无功。

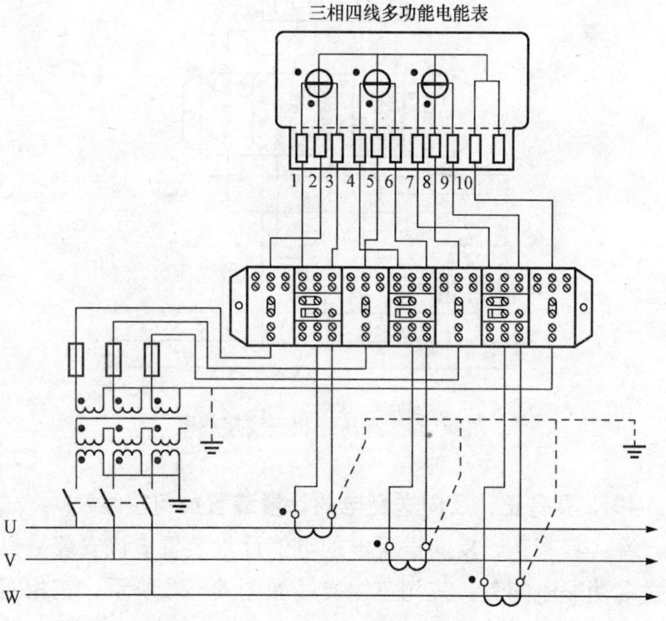

图 6-21 高压三相四线接线图

400. 三相三线高压计量装置怎样接线?

答：三相三线高压电能计量装置，应采用电压、电流互感器和安装一只三相三线多功能电能表，如图 6-22 所示；对高供高计用户设定 1、4 象限为正向无功。

有功功率表达式为

$$P_0 = \sqrt{3}U_x I\cos\varphi \tag{6-17}$$

无功功率表达式为

$$Q_0 = \sqrt{3}U_x I\sin\varphi \tag{6-18}$$

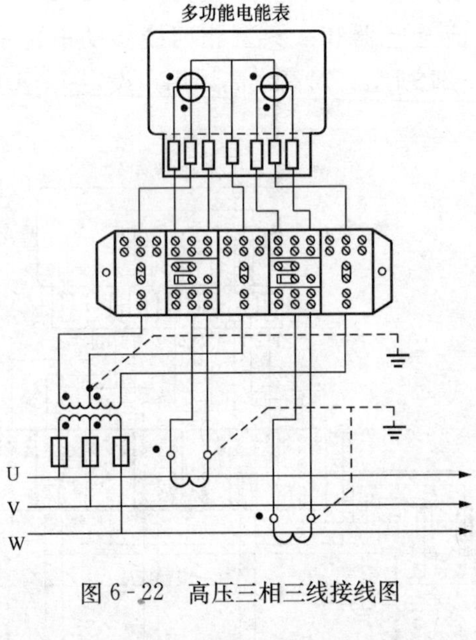

图 6-22　高压三相三线接线图

401. 具有正、反向送受电的计量装置如何接线?

答：具有正、反向送受电的电能计量装置应该安装一只静止式多功能电能表，三相三线接线如图 6-22 所示；三相四线接线如图 6-21 所示。但必须有四象限有功和四象限无功功能，没有此项功能不能使用。并设置 1、4 象限有功为正向有功电量，2、3 象限为反向有功电量。设置 1、2 象限为正向无功电量，3、4 象限为反向无功电量。

402. 什么是电能计量装置“简化式”接线？

答：非计费的电能计量装置可以采用“简化式”方式接线。根据三相四线电力系统，$I_U+I_V+I_W=I_n$ 的原理；可以把三台电流互感器二次回路 K_2 合并起来，连接成一个完全星形接线，三台电流互感器可以采用四根线，接线系数 K_{jx} 为 1。如图 6-23 所示。注意事项：采取简化式时，必须采取电压、电流分开接线。否则，会造成三相电压短路。

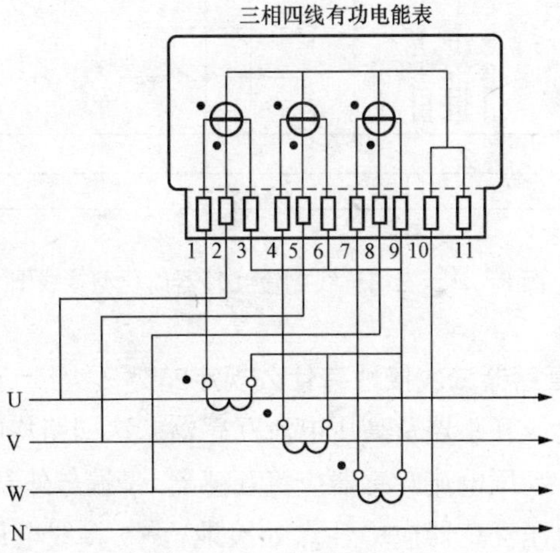

图 6-23　三相四线电流互感器简化型接线图

根据三相三线电力系统，$I_U+I_W=-I_V$ 的原理；可以把两台电流互感器二次回路 K_2 合并起来，连接成一个不完全星形接线，两台电流互感器可以采用三根线，如图 6-24 所示。注意事项：采取简化式时，必须采取电压、电流分开接线。否则，会造成三相电压短路。

它的特点是：由于整个电能计量装置接线根数减少了，接线变得清晰、简单，费用也有所降低，但是如果发生错误接线，情况会变得复杂。所以不是上述特殊场合，还是必须采用分开接法。即三台电流互感器六线，两台电流互感器四线接法。

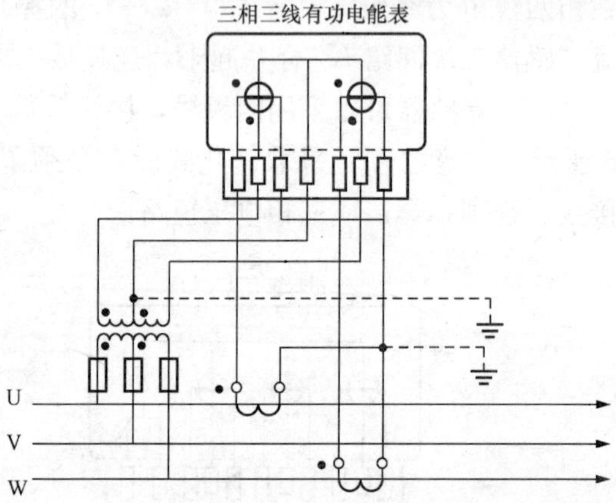

图 6-24 三相三线电流互感器简化型接线图

403. 互感器二次接地有什么规定？

答：电压互感器及高压电流互感器二次回路均应只有一处可靠接地。高压电流互感器应将互感器 n_2 端与外壳直接接地，星形接线电压互感器应中性点处接地，Vv 接线电压互感器在 V 相接地。

404. 为什么高压互感器二次必须接地？

答：互感器一个主要的作用是隔离保安，互感器采用电磁耦合和绝缘介质将高电压挡在了一次侧。二次侧接地是为了当发生某种情况一次侧高电压进入到二次侧的时候，马上会被接地短接，使电力系统保护动作，即使不跳闸，也可以使二次回路与地之间维持在等电位状态，保证了人员和设备的安全。所以高压互感器二次侧必须接地。

405. 为什么高压互感器二次回路均应只有一处可靠接地？

答：如果在高压互感器二次回路采用两点或多点接地。由于接地阻抗的效应在两个接地点之间引起电位差，表现为测量电路中的共模电压。正常运行时，共模电压一般都很低。然而，在暂态情况下，如故障或者操作运行时，根据接地回路的电阻和所使用的互感器类型，共模电压可能达到几千伏。在这样的情况下会给测量电路造成危害，为了保证安全运行和防止设备损坏，应该断开共模电压回路。所以，电压互感器及高压电流互感器二次回路只能有一处可靠接地。

406. 为什么电能计量电压互感器二次回路不应接隔离开关辅助触点？

答：隔离开关辅助触点的接触电阻大而且不稳定，严重地影响电能计量装置的计量性能。通常的处理方法是用隔离开关辅助触点控制一个中间继电器，再由中间继电器的主触点控制电能表的电压回路。

407. 双回路供电的电能计量装置有什么要求？

答：双回路供电，应分别安装计量装置，电压互感器不得切换。

408. 为什么三相电能表必须正相序接入？

答：(1) 感应式三相电能表，各个电磁元件（特别是电压元件）安装中心线不在转盘的直径上，这样各电磁元件之间会在转盘上会产生一个附加力矩。电能表校验时按照正相序校验，如果安装时相序接反，那么这个附加力矩的方向也相反了，有可能使电能表产生潜动。

(2) 感应式三相三线电能表两组电压、电流元件是在不同的相位条件下运行的，如果相序发生改变，那么它的运行条件也发生改变，会使电能表的误差发生改变。

（3）三相无功电能表相序发生改变，会使电能表发生倒走现象，甚至计量的既不是无功电能也不是有功电能。所以三相电能表必须按照正相序接入。

（4）三相三线静止式电能表两组电压、电流元件是在特定的相位条件下确定的误差，如果相序发生改变，它的相位条件也发生改变，会使电能表的误差也发生改变。所以，三相电能表必须按正相序接入。

409. 为什么 110kV 及以上的电压互感器一次不装设熔断器？

答：（1）110kV 及以上的电压互感器一般采用单相串级绝缘结构，绝缘裕度大，内部线圈和绝缘引起事故的可能性较小，而外部引线采用硬连接，不易发生相间短路故障。

（2）110kV 及以上系统均为中性点直接接地，或者经消弧线圈接地系统。每相互感器只有承受相电压，不可能长期承受线电压运行。

（3）110kV 及以上系统电压互感器，其二次通常装设自动过负荷小开关，不致因二次回路故障威胁互感器本体。

（4）110kV 及以上电压熔断器灭弧比较困难，价格昂贵。所以 110kV 及以上的电压互感器一次侧不装设熔断器。

第二节　综 合 误 差

410. 什么是电能计量装置的综合误差？

答：电能表及电流互感器组成的电能计量装置的综合误差，是由电能表的误差及电流互感器误差（包括比值差和角度差）合成后的误差组成。

电能表及电压、电流互感器组成的电能计量装置的综合误差，是由电能表本身的误差，及电压、电流互感器误差（包括比值差和角度差）合成后的误差，与电压互感器二次导线压降引起的附加误差三部分组成。

411. 什么是互感器的合成误差？

答：由于互感器具有比值差和角度差，经互感器连接的电能计量装置，从二次侧测量的结果与一次侧实际值相比会有一定误差。由于它是比值差与角度差两者的合成，故称合成误差。

412. 单相电流互感器的合成误差怎样计算？

答：单相电流互感器的合成误差可以按式（6-19）计算：

$$\varepsilon_P = f_I + 0.0291\alpha\tan\varphi \tag{6-19}$$

式中 ε_P——互感器合成误差；

f_I——电流互感器的比值差；

α——电流互感器的角度差。

413. 三相四线电流互感器的合成误差怎样计算？

答：三相四线电流互感器的合成误差是

$$\varepsilon_P = \frac{1}{3}(f_{I1} + f_{I2} + f_{I3}) + 0.0097(\alpha_1 + \alpha_2 + \alpha_3)\tan\varphi \tag{6-20}$$

414. 三相四线电压、电流互感器的合成误差怎样计算？

答：三相四线电压、电流互感器的合成误差是

$$\varepsilon_P = \frac{1}{3}(f_{I1} + f_{U1} + f_{I2} + f_{U2} + f_{I3} + f_{U3}) + 0.0097[(\alpha_1 - \beta_1) + (\alpha_2 - \beta_2) + (\alpha_3 - \beta_3)]\tan\varphi \tag{6-21}$$

式中 f_U——电压互感器比值差；

β——电压互感器角度差。

415. 三相三线电压、电流互感器的合成误差怎样计算?

答：三相三线电压、电流互感器的合成误差是

$$\begin{aligned}\varepsilon_P = & (f_{U1}+f_{I1})\left(\frac{1}{2}-\frac{1}{2\sqrt{3}}\tan\varphi\right)+ \\ & 0.0291(\alpha_1-\beta_1)\left(\frac{1}{2}\tan\varphi+\frac{1}{2\sqrt{3}}\right)+ \\ & (f_{U2}+f_{I2})\left(\frac{1}{2}+\frac{1}{2\sqrt{3}}\tan\varphi\right)+ \\ & 0.0291(\alpha_2-\beta_2)\left(\frac{1}{2}\tan\varphi-\frac{1}{2\sqrt{3}}\right)\end{aligned} \quad (6-22)$$

416. 电压互感器二次回路导线压降的影响如何?

答：电压互感器的负荷电流通过二次连接导线时会产生电压降，这样加在负荷上的电压无论是大小及相位都不等于电压互感器二次线圈的端电压，给电能计量装置带来附加误差。这种误差有时往往很大，使得电能计量装置的综合误差加大，以致严重影响电能计量的正确性。

417. 对二次回路导线压降的规定如何?

答：Ⅰ、Ⅱ类用于贸易结算的电能计量装置中电压互感器二次回路电压降应不大于其额定二次电压的0.2%；其他电能计量装置中电压互感器二次回路电压降应不大于其额定二次电压的0.5%。

418. 如何现场测量电压互感器二次回路导线压降?

答：电压互感器二次导线压降所引起的误差测量，采用互感器校验仪直接测量。接线如图6-25所示。

依次测量U_{uv}与U_{ab}之间，U_{vw}与U_{bc}之间，或U_{un}与U_{aX}之间，U_{vn}与U_{bX}之间，U_{wn}与U_{cX}之间的附加误差（比值差与角度差）。此方法的优点是基于直接测差法原理，测量准确度高；通常在设备运行状况下带电进行测试，比设备停电后测试更符

合实际运行情况；可以直接测出比差与角差；测试结果不受电源波动的影响。

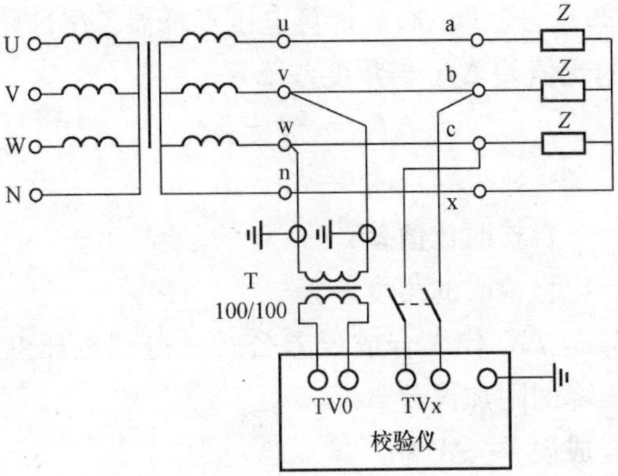

图 6-25　电压互感器二次回路导线压降测试接线图

测试工作进行前，应对压降校验仪及临时电缆线进行自校以测出它们所带来的测量误差。该误差可保存于压降校验仪内，校验仪将在每次测试结果中自动扣除这部分误差以消除对测量的影响。自校接线如图 6-26 所示。

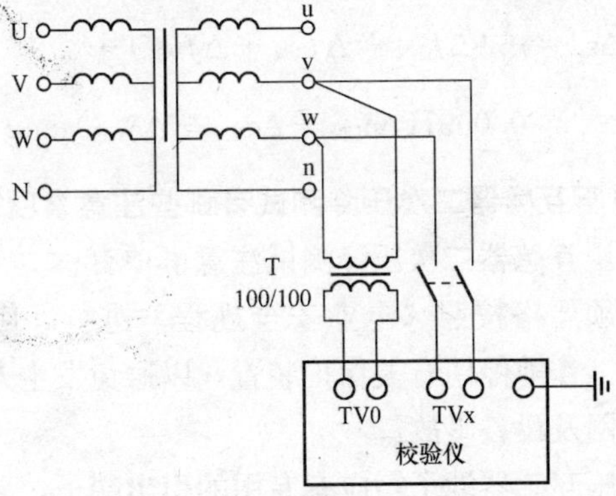

图 6-26　电压互感器校验仪自校接线图

419. 如何进行电压互感器二次压降计算?

答：根据测量所得数据；二次压降比值差 f_x 和角度差 δ_x 按式（6-20）、式（6-21）计算电压互感器二次回路导线压降附加误差的比值差 Δf_x 与角度差 $\Delta\delta$：

$$\Delta f_x = f_x - f_0 \quad (6-23)$$

$$\Delta\delta_x = \delta_x - \delta_0 \quad (6-24)$$

式中 f_0——自检时比值差；

δ_0——自检时的角度差。

把 Δf_x 与 $\Delta\delta_x$ 代入合成误差公式，得到电压互感器二次回路导线压降的附加误差 $\Delta\varepsilon_P$。

三相三线合成误差公式为

$$\Delta\varepsilon_P = \frac{\Delta f_{UV} + \Delta f_{WV}}{2} + \frac{\Delta f_{WV} - \Delta f_{UV}}{2\sqrt{3}}\tan\varphi + 0.0291\left(\frac{\Delta\delta_{UV} + \Delta\delta_{WV}}{2}\tan\varphi + \frac{\Delta\delta_{UV} - \Delta\delta_{WV}}{2\sqrt{3}}\right) \quad (6-25)$$

三相四线合成误差公式为

$$\Delta\varepsilon_P = \frac{1}{3}(\Delta f_{UN} + \Delta f_{VN} + \Delta f_{WN}) + 0.0097(\Delta\delta_{UN} + \Delta\delta_{VN} + \Delta\delta_{WN})\tan\varphi \quad (6-26)$$

420. 电压互感器二次压降测试有哪些注意事项?

答：电压互感器二次压降测试注意事项有：

（1）必须严格按照《电业安全规程》进行。使用绝缘工具，必要时工作前停用有关保护装置，以避免发生人身伤害及可能造成电网及设备事故。

（2）电压互感器端子箱应有专用的引出端子，采用专用的接线端头，不得用鳄鱼夹连接电压。连接时应先接设备侧后接电压侧，严格防止电压短路及接地。

（3）测量设备尽可能靠近电压互感器，作为标准电压应引自电压互感器二次熔丝以前，接线应尽可能短，并保证足够的导线截面积。

（4）电能表至测量设备连线，应是保证足够的容量绝缘导线。且应全部放开，不得盘卷。使用屏蔽电缆时，空余导线不能短接。采用绞合（双交线）的绝缘导线能有效地减少电磁和静电场的干扰影响，保证测量误差的准确。

（5）电能表至测量设备连线应装设刀闸，合闸前应先进行核相，确认电压是同相和极性正确后，再送入校验仪进行测量。

（6）放线或收线时，应注意与高压带电体的安全距离，防止放（收）线时，弹至高压带电体而造成事故。

421. 减少二次回路导线压降的方法有哪些？

答：减少二次回路导线压降的方法有：

（1）减小二次电流：减少电能表的台数，使用低功耗的电能表。不得随意接入与计量无关的负荷与设备。有必要时可以从电压互感器二次端子单独引导线至电能表端子。

（2）减小二次导线阻抗：不采用隔离闸刀辅助开关，按照规程装设二次回路熔断器，减小接触电阻。增大电压互感器二次导线截面，尽可能减小二次导线长度，有必要时采取就近装表方法。

（3）减少二次电流的相位移：使用高功率因数电压元件，而且负荷均匀的电能表，减少电压互感器二次压降的相角差。比如，用静止式多功能电能表替代有功、无功电能表联合接线。不得随意接入不同接线，而且不均匀负荷的仪表和设备。防止电压互感器二次负荷电流的相量叠加，而产生的负荷电流相位移。

422. 如何评估电能计量装置的综合误差？

答：电能计量装置的综合误差，只是计算其系统误差，又由于电能表的误差，互感器的比值差和角度差的合成误差，以及电压互感器二次导线压降引起的附加比值差和角度差，都是大小与符号已知，因此用代数综合，即是求代数和，按式（6-24）计算其综合误差。

$$\gamma = \varepsilon_b + \varepsilon_P + \Delta\varepsilon_P \qquad (6-27)$$

式中　γ——电能计量装置综合误差；

ε_b——电能表误差；

ε_P——互感器合成误差；

$\Delta\varepsilon_P$——电压互感器二次回路导线压降附加误差。

由于电能计量装置综合误差是一个动态值，与负荷的大小和功率因数等条件，有密切关系。所以，用某一个点的误差确定整个电能计量装置的综合误差，进行修整和补偿都是不符合实际情况的。

423. 减少综合误差的措施有哪些？

答：减少综合误差的措施有：

（1）减小电能表误差；将电能表的误差控制在等级要求的1/2范围以内，三相电能表分元件误差尽可能相互接近。电流互感器二次额定电流为5A时，应选择1.5（6)A；二次额定电流为1A时应选择0.3（1.2)A电能表。

（2）电流互感器；采用分相接线。并对互感器二次实际负荷进行校核，使其不超过互感器二次负荷的额定值，也不低于二次最小负荷。选择电流互感器的变比应适当，不要使电流互感器长期在30%额定负荷电流下运行，也不能长期处于超负荷情况下运行。

（3）电压互感器；应根据电能表的实际负荷连接方式，选择互感器的接线组合，尽可能使互感器实际输出负荷与二次实际负荷相接近。并对互感器二次实际输出负荷进行校核，使其实际输出负荷不超过互感器二次额定负荷，也不小于25％的额定负荷。电压互感器额定二次功率因数与实际二次输出的功率因数相接近。

（4）互感器二次回路不得接入与电能计量无关的元件设备。防止产生互感器二次负荷和功率因数角改变。

（5）减小电压互感器二次回路压降。

第七章

接线检查与电量更正

第一节　接线检查

424. 停电检查有什么意义？

答：停电检查是一种可靠的检查方法，是保证电能计量装置接线正确的基础。对于运行中的电能计量装置，需要进一步核实带电检查结果时，也要进行停电检查。停电检查安全、可靠、直接。主要方法：目测校对图纸、端头标志和安装是否相符，用校线器核对各接线是否正确。

425. 带电检查有什么意义？

答：在经过停电检查的电能计量装置均需进行带电检查，因为带电检查是电能计量装置在实际运行中的检查，能如实反映装置运行的情况。带电检查内容包括互感器、二次回路接线及电能表本身的整组检查。一般采用“逐步逼近法”通过电压、电流、相序、功率、相位的测量，为被测量提供充分的、必要的证据，判定电能计量装置接线的正确性。

426. 带电检查的安全注意事项有哪些？

答：带电检查是在互感器二次回路上工作，要遵守必要的安全规程，要注意认清被检查的电能计量装置回路，使用带绝缘手柄的工具，防止误碰误动。特别要注意电流互感器二次回路不允许开路。电压互感器二次回路不允许短路或接地。

427. 运行中的电流互感器二次开路会产生什么样的后果？

答：（1）运行中的电流互感器二次回路一旦开路，二次去磁通电流消失，一次电流全部用于激磁，在二次侧产生相当高的电动势，对一、二次绕组绝缘介质造成损害，对人身及仪器设备造成极大的威胁。甚至对电力系统造成破坏。

（2）铁芯磁通密度增大饱和，可以使铁芯中损耗增加，不仅使铁芯过热烧坏绕组，还会使铁芯因过热而品质变坏，铁芯中产生剩磁，使电流互感器误差增大。

428. 运行中的电压互感器二次短路会产生什么样的后果?

答：运行中的电压互感器二次短路会产生很大的短路电流，使线圈因过流而发热。高温、高压直接损害电压互感器线圈的绝缘介质，或者线圈因过流而断线。甚至影响电力系统安全运行。

429. 怎样检查低压电能计量装置?

答：三相四线低压电能计量装置带电检查是比较方便的，因为可以直接在一次与二次间进行参数测量，而且电压的极性是不可能反接的。它的方法有：

（1）电压测量：测量电能表各端钮之间电压，比如 U_{2-10}（电能表 2 端钮与 10 端钮之间，以下同）、U_{5-10}、U_{8-10} 是否等于相电压 220V 左右，U_{2-5}、U_{5-8}、U_{2-8} 是否等于线电压 380V 左右，如果正确进入下一步。

（2）电压核相：可以测量电能表与一次母线之间电压比如 U_{U-2}、U_{V-5}、U_{W-8}、U_{N-10}，如果相位是同相位应该电压为零。

（3）电流核相：用钳形电流表夹住电能表电流线圈进线接线，测得电流以后再用带夹子的导线，依次短接电流互感器二次端钮 K1、K2 如果电流变零，电能表转速变慢，说明就是该相电流。电流没有减小，再短路其他相二次直至找到变化相。以确定相应的电流相位。

（4）相序测量：经过以上检测电压、电流和核对相位，接线已经确定。然后用相序表测量，确保正相序就可以确定该电能计量装置接线正确。

430. 如何检查互感器的接地点和判明V相电压?

答：（1）先将电压表一端接地，另一端依次触及电能表的电压端钮。当电压互感器为Vv接线时，如有两个电压端钮对地电压为100V，剩下的一端对地电压为零，则说明电压互感器已经接地，而且对地电压为零的就是V相。如果三个电压都为零，则说明互感器没有接地。当三个对地电压都为57.7V时，说明电压互感器为Yy接线。

（2）用两端带夹子的试验导线，将一端夹子接地，另一端夹电能表电流进线，电能表转速减慢（功率降低），或者电流变小，说明电流互感器二次已经接地。再用夹子夹电能表电流端子出线，如果电能表转速、电流没有变化，则说明该点就是接地点。如果发现电能表进、出端钮接地，转速和电流都没有变化，则说明电流互感器二次没有接地或者都是接地点。如果发现电能表进、出端钮接地，转速和电流都有变化，则说明电流互感器二次接线有误，可能是电流互感器二次回路串联。

431. 怎样采用相位表法检查错误接线?

答：相位表法；是指用相位表测得现场电压与电流的相位角值，基本掌握负荷的功率因数值。比如1.0～0.5（感性）。利用排除法确定与之相关的电压、电流相量位置。

步骤是：

（1）测量电压。用电压表分别测得电能表端钮电压$U_{2\text{-}5}$、$U_{8\text{-}5}$、$U_{2\text{-}8}$，如果发现有$\sqrt{3}$倍电压，可以判定极性一台电压互感器极性反接极性反接。电压互感器断相时二次电压参考表7-1。测量电压判断是否有一台电压互感器极性反接，参考表7-2。

表 7-1　　电压互感器断相时二次电压列表

序号	电压互感器接线组别	电压互感器故障位置	电压互感器空载时二次电压（V）					
			U_{UV}	U_{VW}	U_{WU}	U_{UN}	U_{VN}	U_{WN}
1	Vv-12	U相一次断线	0	100	100	—	—	—
2		V相一次断线	50	50	100	—	—	—
3		W相一次断线	100	0	100	—	—	—
4		U相二次断线	0	100	0	—	—	—
5		V相二次断线	0	0	100	—	—	—
6		W相二次断线	100	0	0	—	—	—
7	Yy_0-12	U相一次断线	50	100	50	0	50	50
8		V相一次断线	50	50	100	50	0	50
9		W相一次断线	100	50	50	50	50	0
10		U相二次断线	0	100	0	0	57.7	57.7
11		V相二次断线	0	0	100	57.7	0	57.7
12		W相二次断线	100	0	0	57.7	57.7	0
13	YNyn-12	U相一次断线	57.7	100	57.7	0	57.7	57.7
14		V相一次断线	57.7	57.7	100	57.7	0	57.7
15		W相一次断线	100	57.7	57.7	57.7	57.7	0
16		U相二次断线	0	100	0	0	57.7	57.7
17		V相二次断线	0	0	100	57.7	0	57.7
18		W相二次断线	100	0	0	57.7	57.7	0

表 7-2　　电压互感器极性反接时二次电压

序号	电压互感器接线组别	电压互感器故障位置	电压互感器空载时二次电压（V）						备注
			U_{UV}	U_{VW}	U_{WU}	U_{UN}	U_{VN}	U_{WN}	
1	Vv-12	U相极性反接	100	100	173	—	—	—	U相负功率
2		W相极性反接	100	100	173	—	—	—	W相负功率
3	YNyn-12	U相极性反接	57.7	100	57.7	57.7	57.7	57.7	U相负功率
4		V相极性反接	57.7	57.7	100	57.7	57.7	57.7	V相负功率
5		W相极性反接	100	57.7	57.7	57.7	57.7	57.7	W相负功率

（2）测量电流。用钳形电流表分别测量 I_1、I_2、I_1+I_2（将两根电流进线夹在一起），$I_1+I_2=\sqrt{3}I$；可以判定一台电流互感器极性反接。

（3）测量电压相序：掌握现场电压的顺序。

（4）以电压相量为参考测量与之相关的电流相角，滞后参考相量为正角，超前参考相量为负角。

（5）作相量图；不管现场相序是正还是反，相量图必须按照正相序画。根据表 7-3 参数作相量图，如图 7-1 所示。

表 7-3　　三相三线计量装置错误接线现场测得数据

端钮电压	I_1	I_2	I_1+I_2	电压值（V）
$U_{2\text{-}5}$	+130°	+70°	—	100
$U_{8\text{-}5}$	+110°	+170°	—	100
$U_{2\text{-}8}$	—	—	—	173
电流值（A）	2.2	2.2	3.8	—
功率因数	1.0～0.5（感性）			

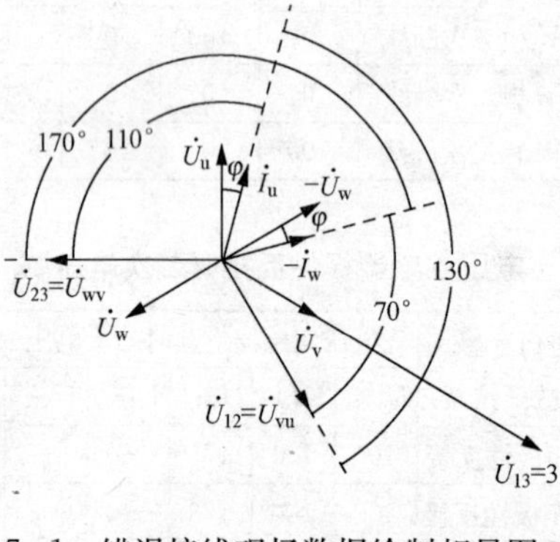

图 7-1　错误接线现场数据绘制相量图（一）

将图 7-1 相量图旋转 180°可以得到另一种结果，如图 7-2 所示。

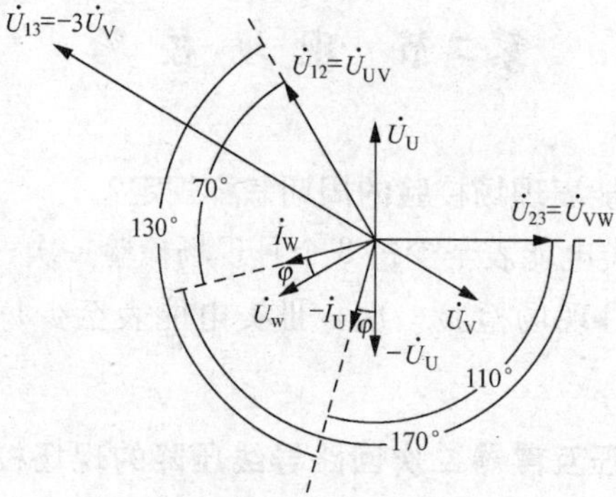

图 7-2　错误接线现场数据绘制相量图（二）

（6）判定与之相关的电压、电流相量位置。

判断：有$\sqrt{3}$倍电压，一台电压互感器极性反接。$\sqrt{3}$倍相电流，一台电流互感器极性反接。根据元件相位关系得到判断结果，参见表 7-4。

表 7-4　　错误接线判断结果表

判断结果	第一元件		第二元件	
	电压	电流	电压	电流
U 相电压互感器极性反接	U_{VU}	I_U	U_{WV}	$-I_W$
W 相电压互感器极性反接	U_{UV}	$-I_U$	U_{VW}	I_W

按照相位表法分析错误接线时有两个结果是必然的。因为这里有两个未知情况，电压互感器极性正、反，电流互感器极性正、反。根据实际情况排除一种就可以了。但两种结果得到的功率是一致的，求得的更正系数也相同。也可以利用“错误接线检查仪”进行测量，使检查更加便捷。

第二节 现场校验

432. 电能表现场校验的周期怎样规定?

答：Ⅰ类电能表至少每3个月现场检验一次；Ⅱ类电能表至少每6个月现场检验一次；Ⅲ类电能表至少每年现场检验一次。

433. 电压互感器二次回路导线压降的现场校验周期怎样规定?

答：运行中的电压互感器二次回路导线电压降应定期进行检验。对35kV及以上电压互感器二次回路导线电压降，至少每2年检验一次。当二次回路负荷超过互感器额定二次负荷或二次回路导线电压降超差时应及时查明原因，并在1个月内处理。

434. 对运行中的电能表，现场检验哪些项目?

答：运行中的电能表现场检验的项目有：

(1) 检查电能表和互感器的二次回路接线是否正确。

(2) 在实际运行中测定电能表的误差。

(3) 检查计量差错和不合理的计量方式。

435. 当现场检验电能表的误差超过规定值时应怎么办?

答：现场检验时不允许打开电能表罩壳和现场调整电能表误差。当现场检验电能表误差超过电能表准确度等级值时应在3个工作日内更换。

436. 什么情况下不宜进行电能表现场校验?

答：当负荷电流小于$10\%I_e$，功率因数小于0.5时不宜进行电能表现场校验。

第三节 电量退补

437. 电能表潜动时如何补（退）电量?

答：用户不用电时电能表转盘还在转动超过一整圈的，称电能表潜动。电能表发生潜动时按式（7-1）进行电量的补（退）。

$$\Delta A = \frac{(24 - T) \times 3600 \times D}{Ct} \tag{7-1}$$

式中 ΔA——补（退）电量（反向潜动补电量，正向潜动退电量）；

T——每日用电时间，h；

D——电能表潜动天数；

C——电能表常数；

t——测得电能表潜动一圈时间，s。

438. 电能表误差超过标准时如何补（退）电量?

答：当电能表误差超过标准规定值时，应该从零误差开始进行电量的补（退），按式（7-2）计算。

$$\Delta A = A\left(\frac{1}{1 + \varepsilon_b} - 1\right) \tag{7-2}$$

式中 ΔA——补（退）电量，正值补收电量，负值退还电量；

A——电能表现场记录的电量；

ε_b——电能表误差百分值。

439. 如何确定电能表误差超过标准的数值?

答：电能计量技术机构受理用户提出有异议的电能计量装置的检验申请后，进行现场检验。现场检验时的负荷电流应为正常情况下的实际负荷。如测定的误差超差时，应再进行试验室检定。

电能表临时检定时，按下列用电负荷确定误差：对高压用户或低压三相供电的用户，一般应按实际用电负荷确定电能表的误差，实际负荷难以确定时，应以正常月份的平均负荷确定误差，即

$$P_{PJ}=\frac{A_Y}{T} \tag{7-3}$$

式中 P_{PJ}——平均负荷，kW；

A_Y——平常月份用电量，kWh；

T——正常月份的用电时间，h。

对照明用户一般应按平均负荷确定电能表误差，即

$$T=5h\times 30 \tag{7-4}$$

照明用户的平均负荷难以确定时，可按下列方法确定电能表误差，即

$$\varepsilon_b=(\varepsilon_{I\max}+3\times\varepsilon_{Ib}+\varepsilon_{0.2Ib})/5 \tag{7-5}$$

式中 ε_b——电能表误差；

$\varepsilon_{I\max}$——电能表额定最大电流时的误差；

ε_{Ib}——电能表标定电流时的误差；

$\varepsilon_{0.2Ib}$——电能表20%标定电流时的误差。

各种负荷电流时的误差，按负荷功率因数为1.0时的测定值计算。

440. 互感器误差超过允许范围如何补（退）电量?

答：互感器超过允许范围，以“0”误差为基准作补（退）电量。

（1）单相计量装置合成误差为

$$\varepsilon_{HK}=f_I+0.0291\alpha\cdot\tan\varphi \tag{7-6}$$

（2）三相三线计量装置合成误差为

$$\varepsilon_{HK}=(f_{U1}+f_{I1})\left(\frac{1}{2}-\frac{1}{2\sqrt{3}}\tan\varphi\right)+$$

$$0.0291(\alpha_1-\beta_1)\left(\frac{1}{2}\tan\varphi+\frac{1}{2\sqrt{3}}\right)+$$

$$(f_{U2}+f_{I2})\left(\frac{1}{2}+\frac{1}{2\sqrt{3}}\tan\varphi\right)+$$

$$0.0291(\alpha_2-\beta_2)\left(\frac{1}{2}\tan\varphi-\frac{1}{2\sqrt{3}}\right) \qquad (7-7)$$

(3) 三相四线计量装置合成误差为

$$\varepsilon_{HK}=\frac{1}{3}(f_{I1}+f_{U1}+f_{I2}+f_{U2}+f_{I3}+f_{U3})+$$

$$0.0097[(\alpha_1-\beta_1)+(\alpha_2-\beta_2)+$$

$$(\alpha_3-\beta_3)]\tan\varphi \qquad (7-8)$$

当其他相互感器没有超过允许范围或者没有电压互感器时，应该以“0”代入以上互感器比差和角差，求合成误差。

按式（7-9）进行电量更正。

$$\Delta A=A\left(\frac{1}{1+\varepsilon_{HK}}-1\right) \qquad (7-9)$$

441. 当电压互感器二次压降超出允许范围时如何补收电量?

答：当电压互感器二次压降超出允许范围，以允许压降为基准计算误差补收电量。

(1) 计算电压互感器二次压降超过值

$$\Delta f=(|\Delta f_X|-|\Delta f_0|)\Delta f_X/|\Delta f_0| \qquad (7-10)$$

$$\Delta\delta=(|\Delta\delta_X|-|\Delta\delta_0|)\Delta\delta_X/|\Delta\delta_0| \qquad (7-11)$$

式中 Δf——电压互感器二次压降比值差超过部分；

Δf_X——电压互感器二次压降比值差实际值；

Δf_0——电压互感器二次压降比值差允许值；

$\Delta\delta$——电压互感器二次压降角度差超过部分；

$\Delta\delta_X$——电压互感器二次压降角度差实际值；

$\Delta\delta_0$——电压互感器二次压降角度差允许值。

$|\Delta f_X|-|\Delta f_0|<0;\Delta f=0$，$|\Delta\delta_X|-|\Delta\delta_0|<0;\Delta\delta=0$。

(2) 计算电压互感器二次压降合成误差 $\Delta\varepsilon_P$。

将电压互感器二次压降超过部分 Δf、$\Delta\delta$ 代入式 (6-24) 或式 (6-25)，计算合成误差。

(3) 计算补 (退) 电量 ΔA，将合成误差代入式 (7-9) 进行电量更正计算。

442. 电能计量装置错误接线的更正系数如何计算?

答：更正系数是负载实际消耗的有功电量与电能表现场记录的有功电量之比，按式 (7-12) 计算。

$$G_X = \frac{A_0}{A} = \frac{P_0 t}{Pt} = \frac{P_0}{P} \tag{7-12}$$

式中 A_0——负载实际消耗的电量；

A——电能表现场记录的电量；

G_X——电能表错误接线时的更正系数；

P_0——负载实际消耗的有功功率；

P——电能表现场记录的有功功率；

t——时间。

$G_X=1$；电能表计量正确。$G_X>1$；电能表少计电量。$1>G_X>0$；电能表多计电量。$G_X<0$；电能表倒走，电能表记录的电量 A 也为负值。$G_X\to\infty$；电能表趋向停走。$G_X=0$；实际电量等于零。当更正系数 G_X 与功率因数有关时，特别是有可能出现正负摇摆时，而又刚好处于中间位置 ($G_X\to\infty$)，电能表停止计量。如果这部分分量过大将直接影响实际有功电量的计算。

电能计量错误接线更正系数 G_X 是按照三相完全对称负载情况下得出的结论，忽略三相负载不对称情况的影响。

443. 电能计量装置错误接线的补 (退) 电量如何计算?

答：电能计量装置错误接线更正系数确定以后，可以按式 (7-13) 进行补 (退) 电量计算。

$$\Delta A = A_0 - A_P = G_X A_P - A_P = A_P(G_X - 1) \tag{7-13}$$

ΔA 为正值应补收电量，ΔA 为负值应退还电量。

444. 什么是更正率？

答：补（退）电量与电能表现场记录电量之比，称为更正率，即：

$$\eta=\frac{\Delta A_{P}}{A_{P}}100\%=\frac{A_{0}-A_{P}}{A_{P}}100\%$$
$$=(G_{X}-1)100\% \tag{7-14}$$

第四节 错误接线分析

445. 单相电能计量装置相线与中性线互换结果如何？

答：单相电能计量装置相线与中性线 N 互换，如图 7-3 所示。从图中看到相线虽然经过电能表，但没有经过电能表的电流线圈。那样负载电流会通过其他中性线或者接地回到电源中性点。就会发生漏计、少计电量。虽然正常情况下计量应该是正确的，但在特殊情况下会发生计量错误，所以还是应该把它列入错误接线范围。

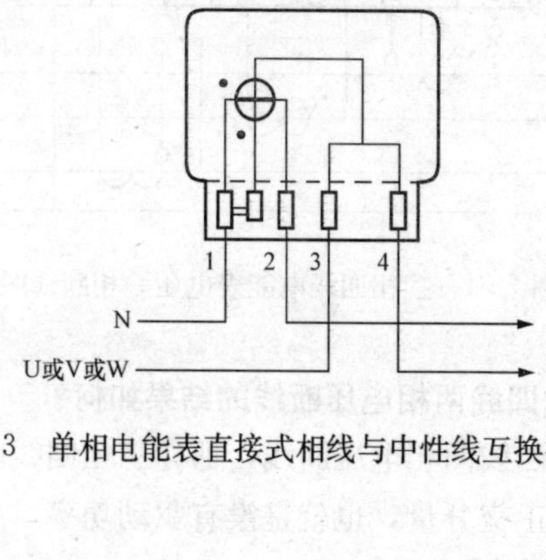

图 7-3 单相电能表直接式相线与中性线互换接线图

446. 三相四线一相电压断线结果如何？

答：一般在错误接线分析中认为三相负载是平衡的。三相四线一相电压断线，如图 7-4 所示。

那样三相四线电能计量装置第一元件没有正交分量，也就是没有驱动功率，第二、第三元件是正常的。

功率表达式为

$$P = 2U_{xg}I\cos\varphi \tag{7-15}$$

更正系数为

$$G_X = \frac{P_0}{P} = \frac{3U_{xg}I\cos\varphi}{2U_{xg}I\cos\varphi} = \frac{3}{2} \tag{7-16}$$

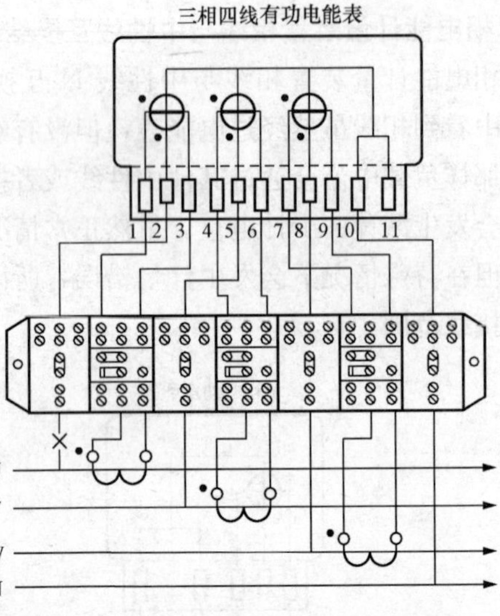

图 7-4　三相四线电能表电压一相断线图

447. 三相四线两相电压断线的结果如何？

答：三相四线两相电压断线，那样三相四线电能计量装置两个元件没有正交分量，也就是没有驱动功率，一个元件是正

常的。功率表达式为

$$P = U_{xg} I\cos\varphi \tag{7-17}$$

更正系数为

$$G_X = \frac{P_0}{P} = \frac{3U_{xg} I\cos\varphi}{U_{xg} I\cos\varphi} = 3 \tag{7-18}$$

448. 电能表中性线断线的结果如何？

答：三相四线电能表中性线断线，如图 7-5 所示。

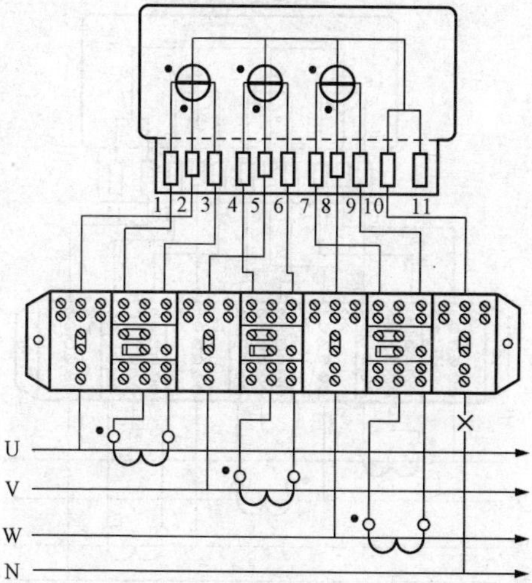

图 7-5 三相四线电能表电压中性线断线图

在三相电源电压对称，在三相四线电能表内部三个电压线圈阻抗基本一致，中性点与电源中性点电压 $U_{Nn}=0$；各相相电压基本和电源相电压一致，对计量基本没有影响。

一旦电源不对称，电表内部阻抗有差别平衡被打破。那样三相中性点会产生位移，$U_{Nn}\neq 0$；电能表也会产生一个误差，主要是相差中性点位移电压 U_{Nn} 与中性线电流 I_N 的乘积

“$-U_{Nn}\times I_N$”部分，因为中性线电流 I_N 是一个随负载变化的相量值，不能确定是多计还是少计电量。所以中性线“N”线还是应该牢固连接为好。

449. 三相四线带电流互感器、电能表端钮 1、3 互换结果如何?

答：三相四线带电流互感器、电能表端钮 1、3 互换，接线如图 7 - 6 所示。

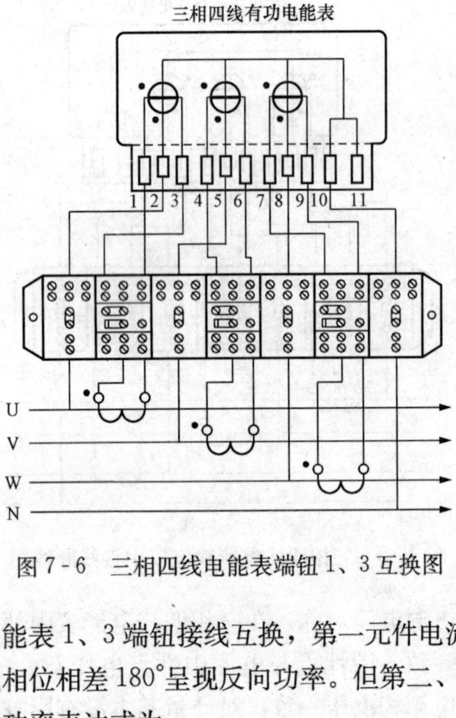

图 7 - 6　三相四线电能表端钮 1、3 互换图

由于电能表 1、3 端钮接线互换，第一元件电流反向进入，电压、电流相位相差 180°呈现反向功率。但第二、第三元件接线正常。则功率表达式为

$$P=U_U(-I_U)\cos(180°-\varphi)+U_VI_V\cos\varphi+U_WI_W\cos\varphi$$
$$=-U_{xg}I\cos\varphi+2U_{xg}I\cos\varphi$$
$$=U_{xg}I\cos\varphi \quad (7-19)$$

更正系数为

$$G_X = \frac{P_0}{P} = \frac{3U_{xg} I\cos\varphi}{U_{xg} I\cos\varphi} = 3 \tag{7-20}$$

450. 三相四线带电流互感器、电能表端钮 3、4 互换结果如何?

答：三相四线带电流互感器、电能表端钮 3、4 互换，接线如图 7-7 所示。

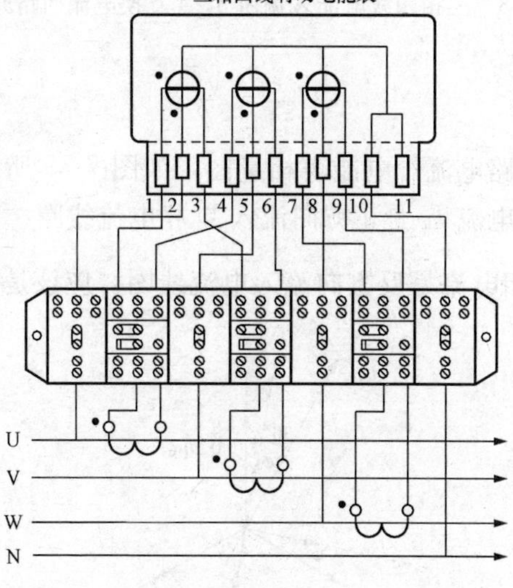

图 7-7　三相四线电能表端钮 3、4 互换图

这样主要错误发生在第一和第二元件电流线圈之间，整理、简化电流线圈回路得到电流二次回路原理图，如图 7-8 所示。

从图中看到电能表 W 相元件工作是正常的。TAU 与 TAV 两台电流互感器二次形成反方向串联方式。根据电流互感器反向串联计算原理，得回路电流为

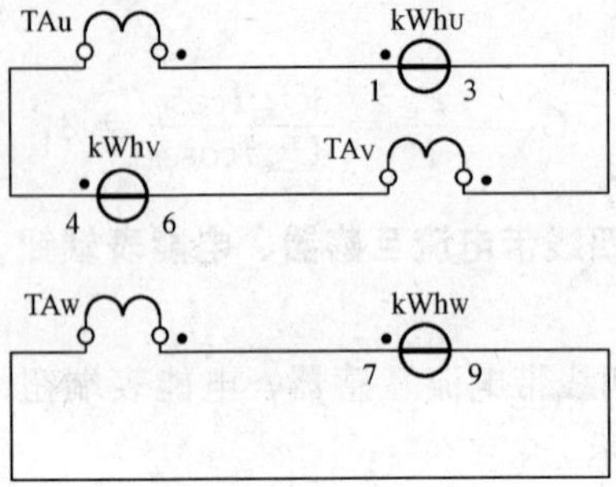

图 7-8 三相四线电能表端钮 3、4 互换电流回路原理图

$$\frac{1}{2}I_{UV}=\frac{\sqrt{3}}{2}I \tag{7-21}$$

根据回路电流作电能表相量图，如图 7-9 所示。由于串联回路中的电流 I_L 是正方向流入 U 相电流线圈，应该是正的 $\frac{1}{2}I_{UV}$；V 相电流是反方向流入电流线圈，应该是 $-\frac{1}{2}I_{UV}$。

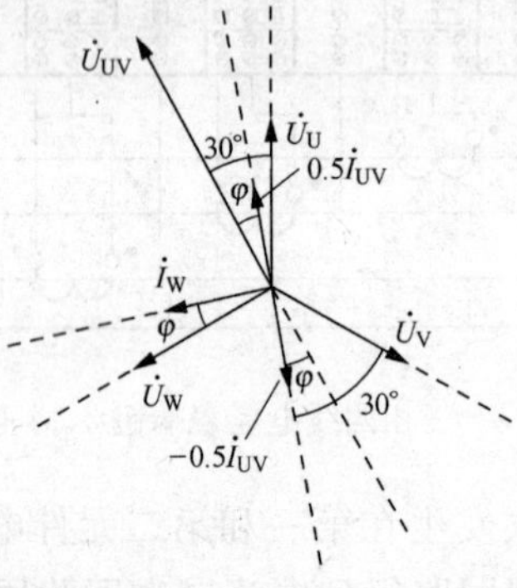

图 7-9 三相四线电能表端钮 3、4 互换电能表相量图

得到功率表达式为

$$P=\frac{1}{2}U_U I_{UV}\cos(30°-\varphi)+\frac{1}{2}U_V(-I_{UV})\cos(30°+\varphi)+U_W I_W\cos\varphi \tag{7-22}$$

由式（7-21）得

$$\frac{1}{2}I_{UV}=\frac{\sqrt{3}}{2}I$$

则式（7-22）为

$$P=\frac{\sqrt{3}}{2}U_{xg}I\left(\frac{\sqrt{3}}{2}\cos\varphi+\frac{1}{2}\sin\varphi\right)+\frac{\sqrt{3}}{2}U_{xg}I\left(\frac{\sqrt{3}}{2}\cos\varphi-\frac{1}{2}\sin\varphi\right)+$$

$$U_{xg}I\cos\varphi=\frac{5}{2}U_{xg}I\cos\varphi \tag{7-23}$$

更正系数为

$$G_X=\frac{P_0}{P}=\frac{3U_{xg}I\cos\varphi}{\frac{5}{2}U_{xg}I\cos\varphi}=\frac{6}{5} \tag{7-24}$$

当电流互感器二次接地时，电流二次回路原理图，如图 7-10 所示。

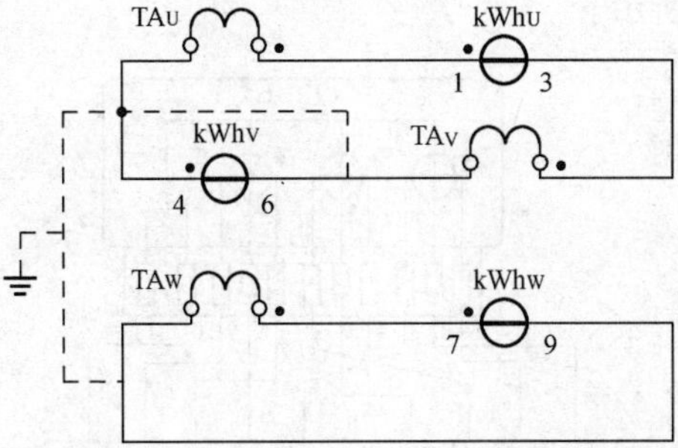

图 7-10 三相四线电能表端钮 3、4 互换二次接地电流回路原理图

从图中可以看出电能表 V 相电流线圈被接地线短接，没有正交分量，功率为零。U 相和 W 相分量相加得功率表达式为

$$P=\frac{1}{2}U_U I_{UV}\cos(30^\circ-\varphi)+U_W I_W\cos\varphi$$

$$=\frac{\sqrt{3}}{2}U_{xg}I\left(\frac{\sqrt{3}}{2}\cos\varphi+\frac{1}{2}\sin\varphi\right)+U_{xg}I\cos\varphi$$

$$= \frac{7}{4}U_{xg}I\cos\varphi + \frac{\sqrt{3}}{4}U_{xg}I\sin\varphi \qquad (7-25)$$

更正系数为

$$G_X = \frac{P_0}{P} = \frac{3U_{xg}I\cos\varphi}{\frac{7}{4}U_{xg}I\cos\varphi + \frac{\sqrt{3}}{4}U_{xg}I\sin\varphi}$$

$$= \frac{12}{7+\sqrt{3}\tan\varphi} \qquad (7-26)$$

451. 三相四线带电流互感器、电能表端钮 3、6 互换结果如何?

答：三相四线带电流互感器，电能表端钮 3、6 互换，接线如图 7-11 所示。这样主要错误发生在第一和第二元件电流线圈之间，整理简化电流线圈回路得到电流二次回路原理图，如图 7-12 所示。

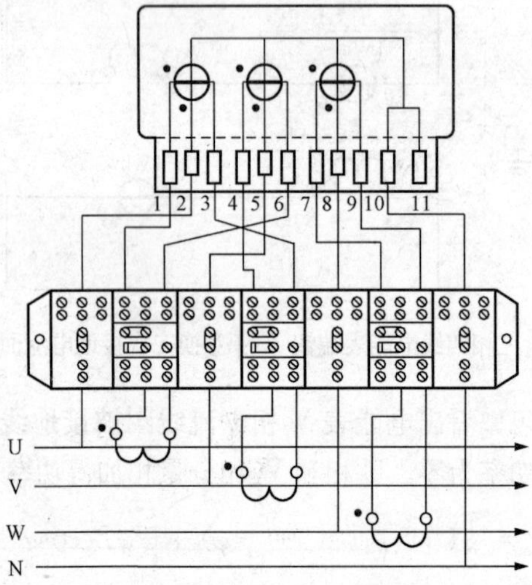

图 7-11　三相四线电能表端钮 3、6 互换图

从图 7 - 12 看到电能表 W 相元件工作是正常的。TAU 与 TAV 两台电流互感器二次形成同方向串联方式。运用电流互感器同向串联计算原理，得回路电流为$-\frac{1}{2}I_W$。

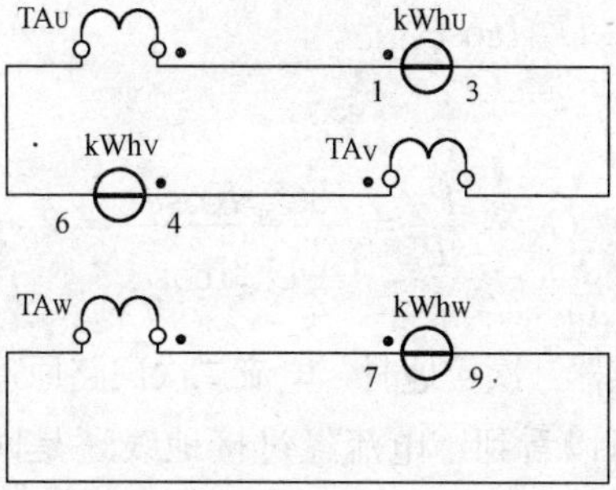

图 7 - 12　三相四线电能表端钮 3、6 互换电流回路原理图

从图 7 - 12 看两个电流都是正方向进入电流线圈的，根据回路电流作电能表相量图，如图 7 - 13 所示。

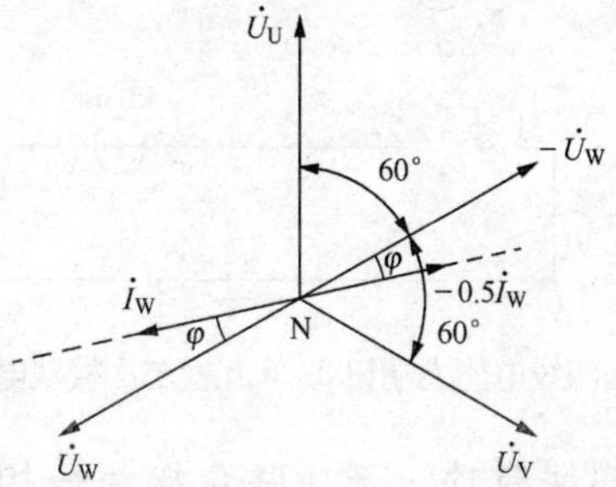

图 7 - 13　三相四线电能表端钮 3、6 互换电能表相量图

得到功率表达式为

$$P=\frac{1}{2}U_U(-I_W)\cos(60^\circ+\varphi)+\frac{1}{2}U_V(-I_W)\cos(60^\circ-\varphi)+U_W I_W\cos\varphi$$

$$= \frac{1}{2}U_{xg}I\left(\frac{1}{2}\cos\varphi - \frac{\sqrt{3}}{2}\sin\varphi\right) + \frac{1}{2}U_{xg}I\left(\frac{1}{2}\cos\varphi + \frac{\sqrt{3}}{2}\sin\varphi\right) + U_{xg}I\cos\varphi$$

$$= \frac{3}{2}U_{xg}I\cos\varphi \tag{7-27}$$

更正系数为

$$G_X = \frac{P_0}{P} = \frac{3U_{xg}I\cos\varphi}{\frac{3}{2}U_{xg}I\cos\varphi} = 2 \tag{7-28}$$

当电流互感器二次接地时，电流二次回路原理图，如图 7-14 所示。从图中可以看到，电流经过接地线还是回到了电流互感器的 K_2，所以计量是正确的。

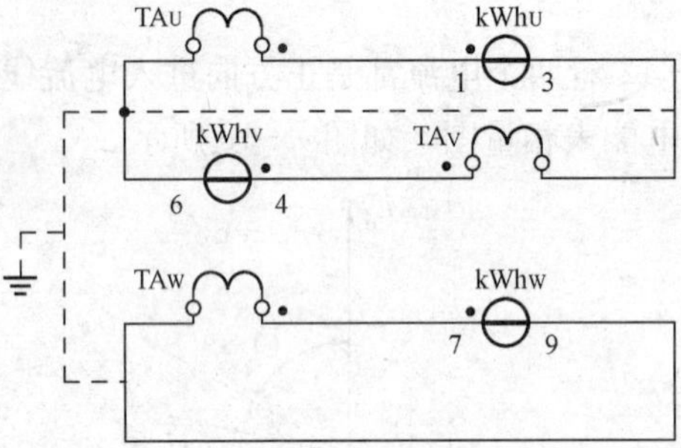

图 7-14　三相四线电能表端钮 3、6 互换二次接地电流回路原理图

452. 三相四线有功、无功联合接线一相电压断线结果如何?

答：三相四线有功、无功联合接线的电能计量装置有一相电压断线，如图 7-15 所示。

这时电能表的电流回路没有问题。简化整理电能表的电压元件回路，得到电压回路负荷分配图，如图 7-16 所示。

Z_{Q1}、Z_{Q2}、Z_{Q3}——无功电能表（线电压）电压线圈阻抗；

Z_{P1}、Z_{P2}、Z_{P3}——有功电能表（相电压）电压线圈阻抗。

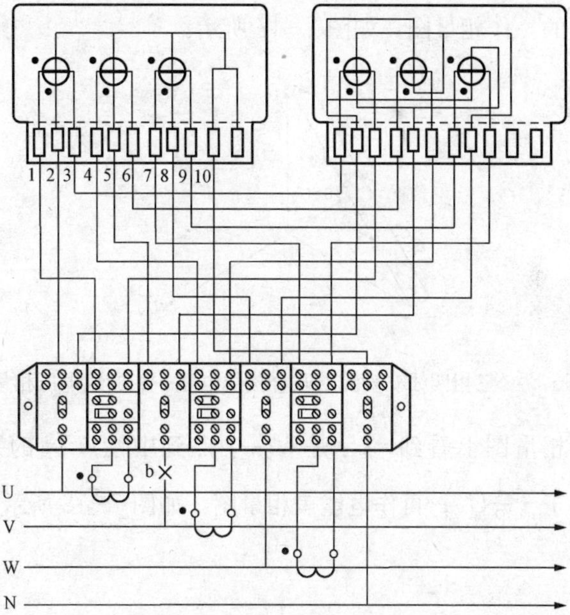

图 7-15　三相四线有功无功联合接线电压一相断线图

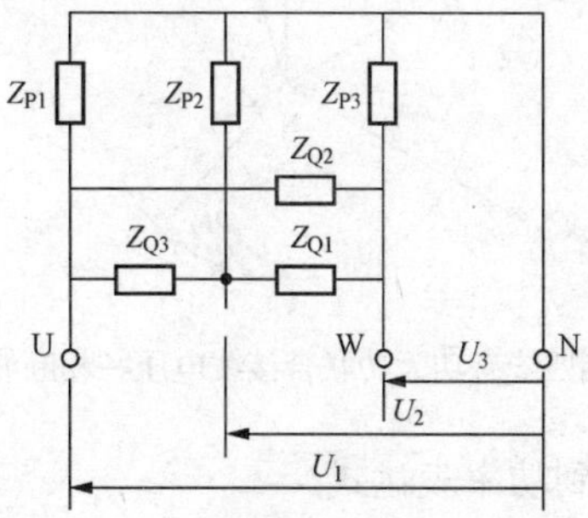

图 7-16　电压回路负荷分配图

从图 7-16 中看到 U、W 两相电压也没有问题，V 相电压（U_2）是 U_{UW} 在 Z_{Q3} 与 Z_{Q1} 上的分压。由于电能表各电压元件阻抗是相同的，即：$Z_{Q1}=Z_{Q2}=Z_{Q3}$；所以 Z_{Q3} 与 Z_{Q1} 上的分压也是相同的。作相量图，如图 7-17 所示。

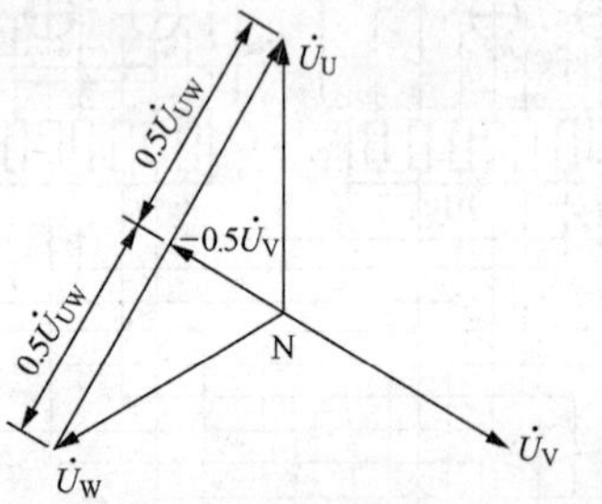

图 7-17　三相四线有功无功联合接线电压一相断线电压相量图

从相量图上看到，U_2 是 U_{UW} 中点到中性点 N 的一段电压，等于 $-\frac{1}{2}U_V$；再作电能表相量图，如图 7-18 所示。

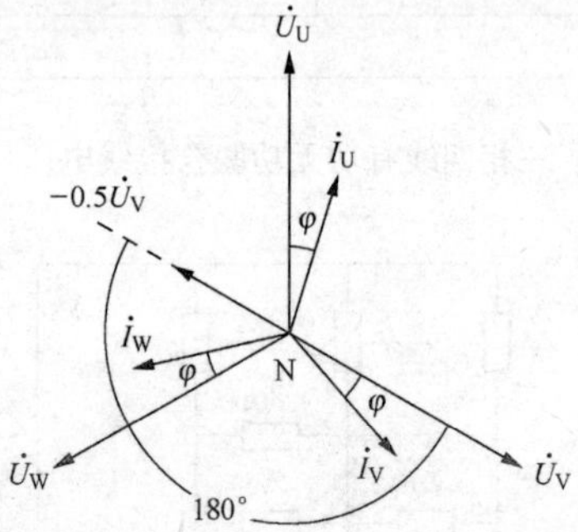

图 7-18　三相四线有功无功联合接线电压一相断线电能表相量图

根据图 7-18 得到功率表达式

$$P=U_U I_U\cos\varphi+\frac{1}{2}(-U_V)I_V\cos(180°-\varphi)+U_W I_W\cos\varphi$$

$$=U_{xg}I\cos\varphi-\frac{1}{2}U_{xg}I\cos\varphi+U_{xg}I\cos\varphi$$
$$=\frac{3}{2}U_{xg}I\cos\varphi \tag{7-29}$$

更正系数为

$$G_X=\frac{P_0}{P}=\frac{3U_{xg}I\cos\varphi}{\frac{3}{2}U_{xg}I\cos\varphi}=2 \tag{7-30}$$

453. 三相四线有功、无功联合接线两相电压断线结果如何?

答：三相四线有功、无功联合接线的电能计量装置有两相电压断线，如图 7-19 所示。

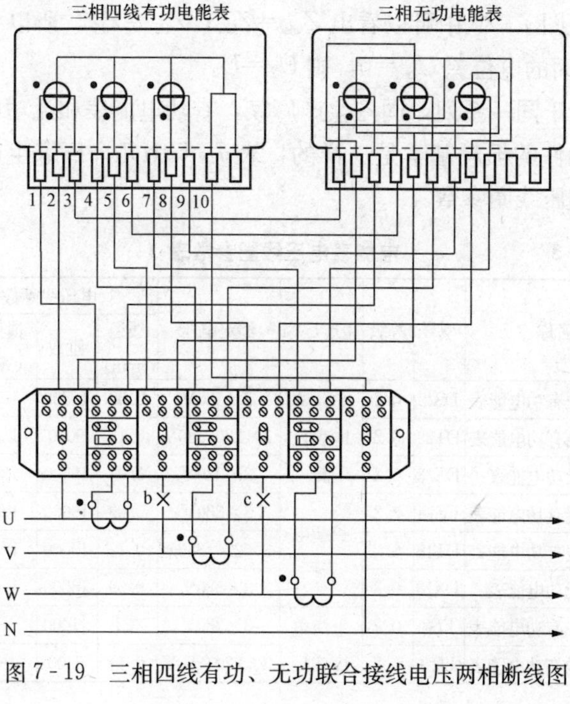

图 7-19 三相四线有功、无功联合接线电压两相断线图

这时电能表的电流回路没有问题。简化整理电能表的电压元件回路，得到电压回路负荷分配图，如图 7-20 所示。

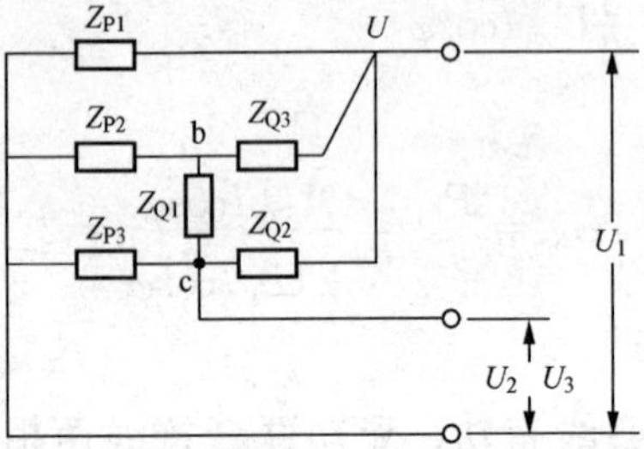

图 7-20 电压回路负荷分配图

从图中看到 U 相电压也没有问题。由于电能表各电压元件阻抗是相同的，即 $Z_{Q1}=Z_{Q2}=Z_{Q3}=Z_Q$；$Z_{P1}=Z_{P2}=Z_{P3}=Z_P$。从图 7-20 中可以看出 $Z_{Q2}=Z_{Q3}$；$Z_{P2}=Z_{P3}$。所以 b 点与 c 点之间的电位差 $U_{bc}=0$，则 $U_2=U_3$。

由于同一系列，同一生产厂家，有功电能表和无功电能表电压元件的损耗基本是一样的，表 7-5 为几个厂家生产的电能表电压线圈参数。

表 7-5　电能表电压线圈参数表

名称	型号	等级	生产厂家	额定电压	电压线圈数据			
					线径 (mm)	匝数	损耗 (W)	损耗 (VA)
三相三线有功电能表	DS23	0.2	哈尔滨电表仪器厂	3×380V	0.09	15500	1.3	4.5
三相四线有功电能表	DT23	0.2		3×220/380V	0.13	9000	1.3	4.5
三相无功电能表	DX23	0.3		3×380V	0.09	15500	1.3	4.5
三相三线有功电能表	DS18	0.2	长新电表厂	3×380V	0.09	16000	1.0	5.0
三相四线有功电能表	DT18	0.2		3×220/380V	0.12	10000	1.0	5.0
三相无功电能表	DX18	0.3		3×380V	0.09	16000	1.0	5.0
三相三线有功电能表	DS8	0.2	上海电度表厂	3×380V	0.1	11000	—	4.6
三相四线有功电能表	DT8	0.2		3×220/380V	0.14	6500	—	4.6

由于 $$S_{\mathrm{P}}=S_{\mathrm{Q}} \tag{7-31}$$

则 $$\frac{U_{\mathrm{xg}}^{2}}{Z_{\mathrm{P}}}=\frac{U_{\mathrm{x}}^{2}}{Z_{\mathrm{Q}}}=\frac{3U_{\mathrm{xg}}^{2}}{Z_{\mathrm{Q}}} \tag{7-32}$$

$$Z_{\mathrm{Q}}=3Z_{\mathrm{P}} \tag{7-33}$$

$$U_{2}=U_{3}=\frac{Z_{\mathrm{P}}}{Z_{\mathrm{P}}+Z_{\mathrm{Q}}}U_{1}=\frac{1}{4}U_{1} \tag{7-34}$$

式中 S_{P}——有功电能表（相电压）电压线圈损耗；

S_{Q}——无功电能表（线电压）电压线圈损耗。

那么V相和W相得到的电压是$\frac{1}{4}U_{\mathrm{U}}$。作电能表相量图，如图7-21所示。

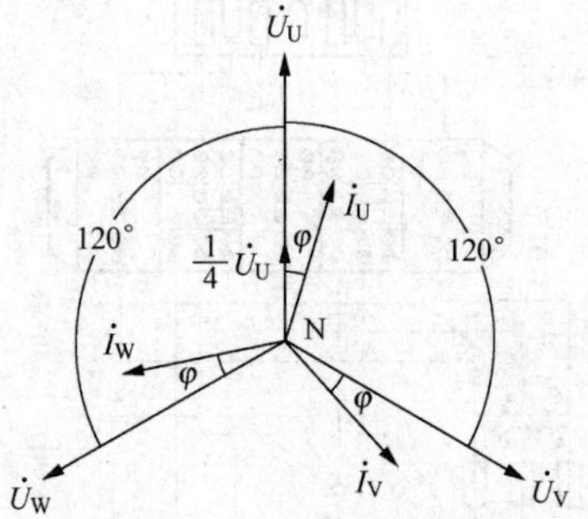

图7-21 三相四线有功无功联合接线电压两相断线电能表相量图

根据相量图，得到功率表达式为

$$\begin{aligned}P&=U_{\mathrm{U}}I_{\mathrm{V}}\cos\varphi+\frac{1}{4}U_{\mathrm{U}}I_{\mathrm{V}}\cos(120^{\circ}+\varphi)+\frac{1}{4}U_{\mathrm{U}}I_{\mathrm{W}}\cos(120^{\circ}-\varphi)\\&=U_{\mathrm{xg}}I\cos\varphi-\frac{1}{4}U_{\mathrm{xg}}I\left(\frac{1}{2}\cos\varphi-\frac{\sqrt{3}}{2}\sin\varphi\right)-\\&\quad\frac{1}{4}U_{\mathrm{xg}}I\left(\frac{1}{2}\cos\varphi+\frac{\sqrt{3}}{2}\sin\varphi\right)=\frac{3}{4}U_{\mathrm{xg}}I\cos\varphi\end{aligned} \tag{7-35}$$

更正系数为

$$G_X=\frac{P_0}{P}=\frac{3U_{xg}I\cos\varphi}{\frac{3}{4}U_{xg}I\cos\varphi}=4 \tag{7-36}$$

因为不同生产厂家，不同系列电能表的电压线圈损耗不相同，电压分配不尽相同，应该以实际测量电压为准。

454. 三相三线多功能电能表端钮 1、3 短接结果如何？

答：三相三线多功能电能表端钮 1、3 短接，接线图如图 7-22 所示。

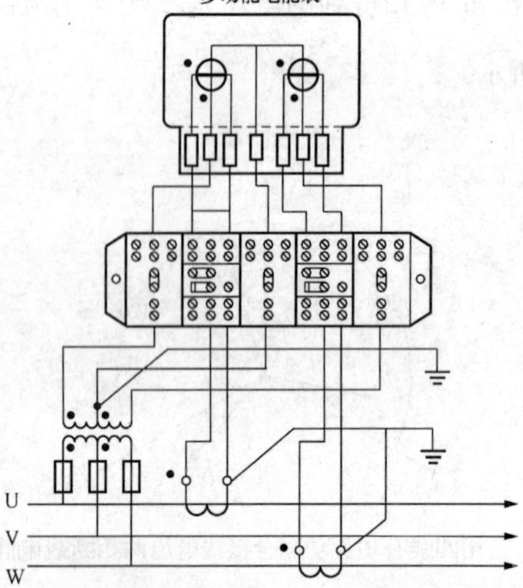

图 7-22　三相三线多功能电能表端钮 1、3 短接图

由于电能表 1、3 端钮接线短接，第一元件（U 相）电流被短路，电能表出现“失流事件”第一元件不计量。但第二元件（W 相）电流接线正常。作电能表相量图，如图 7-23 所示。则有功率功率表达式为

$$\begin{aligned}P&=U_{WV}I_W\cos(30°-\varphi)\\&=U_xI(\frac{\sqrt{3}}{2}\cos\varphi+\frac{1}{2}\sin\varphi)\end{aligned} \tag{7-37}$$

更正系数为

$$G_X = \frac{P_0}{P} = \frac{\sqrt{3}U_x I\cos\varphi}{U_x I\left(\frac{\sqrt{3}}{2}\cos\varphi + \frac{1}{2}\sin\varphi\right)} = \frac{2\sqrt{3}}{\sqrt{3} + \tan\varphi} \tag{7-38}$$

将电压相量后移90°计算无功功率的更正系数。

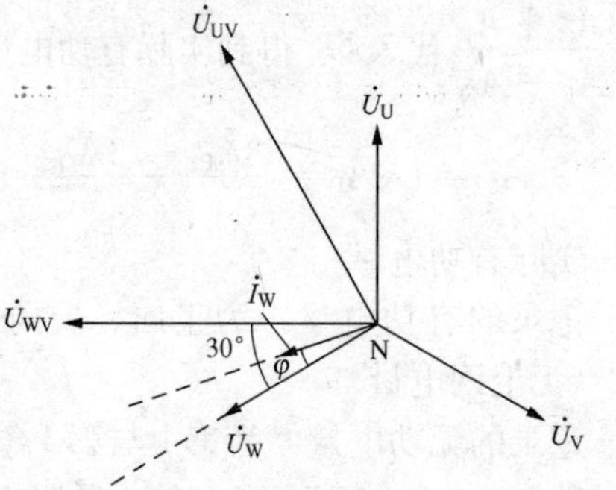

图7-23　三相三线多功能电能表端钮1、3短接时电能表相量图

无功功率表达式为

$$\begin{aligned} Q &= U_{WV} I_W \cos(120° - \varphi) \\ &= -U_x I \frac{1}{2}\cos\varphi + U_x I \frac{\sqrt{3}}{2}\sin\varphi \end{aligned} \tag{7-39}$$

更正系数为

$$G_X^* = \frac{Q_0}{Q} = \frac{\sqrt{3}U_x I\sin\varphi}{U_x I\left(\frac{\sqrt{3}}{2}\sin\varphi - \frac{1}{2}\cos\varphi\right)} = \frac{2\sqrt{3}}{\sqrt{3} - \cot\varphi} \tag{7-40}$$

式中　G_X^*——无功功率更正系数；

Q_0——实际无功功率；

Q——记录无功功率。

$$\tan\varphi=\frac{G_X^* A_Q}{G_X A_P}=\frac{\dfrac{2\sqrt{3}A_Q}{\sqrt{3}-\cot\varphi}}{\dfrac{2\sqrt{3}A_P}{\sqrt{3}+\tan\varphi}}=\frac{(\sqrt{3}+\tan\varphi)A_Q}{(\sqrt{3}-\cot\varphi)A_P}$$

$$=\frac{\sqrt{3}A_Q+A_P}{\sqrt{3}A_P-A_Q} \tag{7-41}$$

将 $\tan\varphi=\dfrac{\sqrt{3}A_Q+A_P}{\sqrt{3}A_P-A_Q}$ 代入 G_X 得到实际有功电量

$$A_0=G_X A_P=\frac{3A_P-\sqrt{3}A_Q}{2} \tag{7-42}$$

式中 A_0——实际有功电量；

A_P——记录的有功电量，为正向、反向电量的代数和（无上网电量）；

A_Q——记录的无功电量，为第1与第4象限无功电量代数和。（无上网电量）。第1象限为正值，第4象限为负值。

455. 三相三线多功能电能表端钮5、7短接结果如何？

答：三相三线多功能电能表端钮5、7短接，接线图如图7-24所示。

由于电能表5、7端钮接线短接，第二元件（W相）电流被短路，正交分量等于零。但第一元件（U相）电流接线正常。作电能表相量图，如图7-25所示。

则功率表达式为

$$P=U_{UV}I_U\cos(30^\circ+\varphi)=U_x I\left(\frac{\sqrt{3}}{2}\cos\varphi-\frac{1}{2}\sin\varphi\right) \tag{7-43}$$

更正系数为

$$G_X=\frac{P_0}{P}=\frac{\sqrt{3}U_x I\cos\varphi}{U_x I\left(\dfrac{\sqrt{3}}{2}\cos\varphi-\dfrac{1}{2}\sin\varphi\right)}=\frac{2\sqrt{3}}{\sqrt{3}-\tan\varphi} \tag{7-44}$$

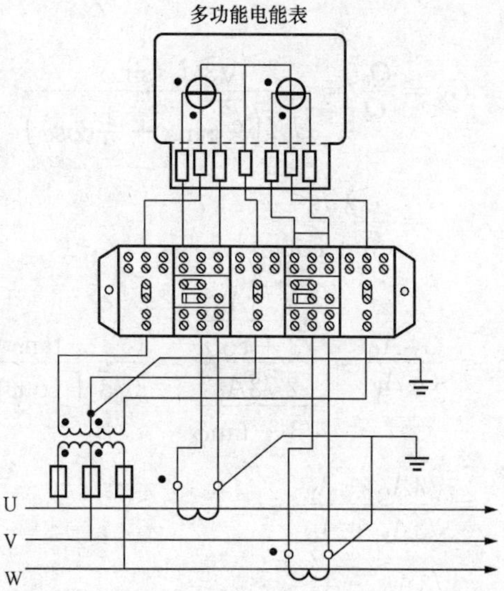

图 7-24 三相三线多功能电能表端钮 5、7 短接图

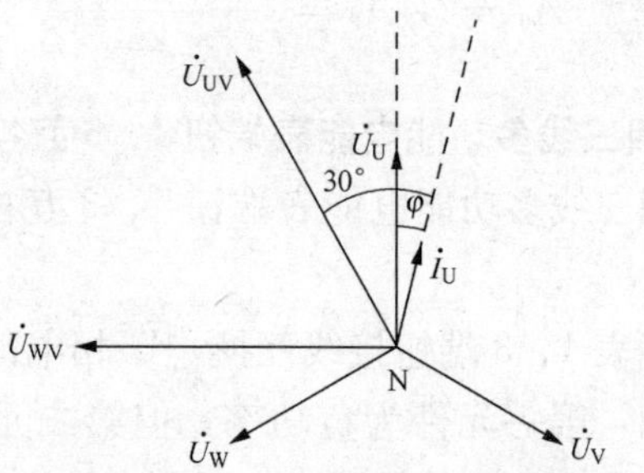

图 7-25 三相三线多功能电能表端钮 5、7 短接时电能表相量图

将电压相量后移 90°，计算无功功率的更正系数。

无功功率表达式为

$$Q = U_{WV} I_W \cos(60° - \varphi)$$

$$= U_x I \frac{1}{2} \cos\varphi + U_x I \frac{\sqrt{3}}{2} \sin\varphi \qquad (7-45)$$

更正系数为

$$G_X^* = \frac{Q_0}{Q} = \frac{\sqrt{3}U_x I\sin\varphi}{U_x I\left(\frac{\sqrt{3}}{2}\sin\varphi + \frac{1}{2}\cos\varphi\right)}$$

$$= \frac{2\sqrt{3}}{\sqrt{3}+\cot\varphi} \tag{7-46}$$

$$\tan\varphi = \frac{G_X^* A_Q}{G_X A_P} = \frac{\frac{2\sqrt{3}A_Q}{\sqrt{3}+\cot\varphi}}{\frac{2\sqrt{3}A_P}{\sqrt{3}-\tan\varphi}} = \frac{(\sqrt{3}-\tan\varphi)A_Q}{(\sqrt{3}+\cot\varphi)A_P}$$

$$= \frac{\sqrt{3}A_Q - A_P}{\sqrt{3}A_P + A_Q} \tag{7-47}$$

将 $\tan\varphi = \frac{\sqrt{3}A_Q - A_P}{\sqrt{3}A_P + A_Q}$ 代入 G_X 得到实际有功电量为

$$A_0 = G_X A_P = \frac{3A_P + \sqrt{3}A_Q}{2} \tag{7-48}$$

456. 三相三线多功能电能表端钮 1、3 互换结果如何?

答：三相三线多功能电能表端钮 1、3 互换，接线图如图 7-26 所示。

由于电能表 1、3 端钮接线互换，U 相电流反向进入第一元件电流线圈，第一元件为负功率。但第二元件（W 相）电流接线正常。作电能表相量图，如图 7-27 所示。

则功率表达式为

$$P = U_{UV}(-I_U)\cos(150^\circ - \varphi) + U_{WV}I_W\cos(30^\circ - \varphi)$$

$$= U_x I\left(-\frac{\sqrt{3}}{2}\cos\varphi + \frac{1}{2}\sin\varphi\right) + U_x I\left(\frac{\sqrt{3}}{2}\cos\varphi + \frac{1}{2}\sin\varphi\right)$$

$$= U_x I\sin\varphi \tag{7-49}$$

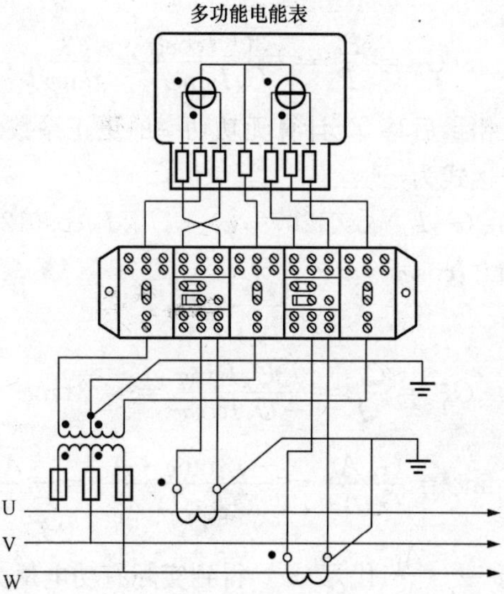

图 7-26 三相三线多功能电能表端钮 1、3 互换图

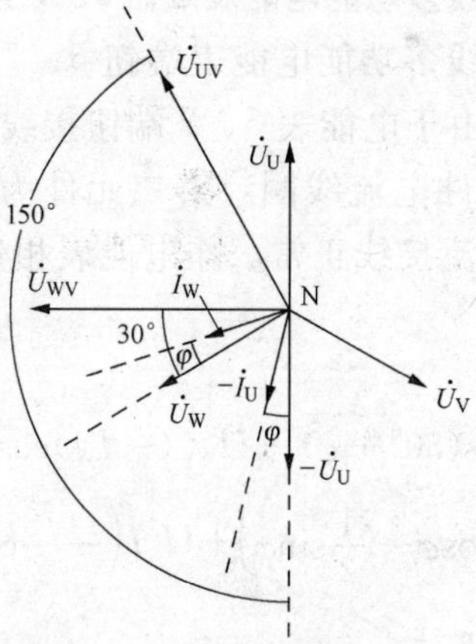

图 7-27 三相三线多功能电能表端钮 1、3 互换时电能表相量图

更正系数为

$$G_X=\frac{P_0}{P}=\frac{\sqrt{3}U_xI\cos\varphi}{U_xI\sin\varphi}=\frac{\sqrt{3}}{\tan\varphi} \tag{7-50}$$

将电压相量后移 90°计算无功功率的更正系数。

无功功率表达式为

$$\begin{aligned}Q&=U_{UV}(-I_U)\cos(120°+\varphi)+U_{WV}I_W\cos(120°-\varphi)\\&=-U_xI\cos\varphi\end{aligned} \tag{7-51}$$

更正系数为

$$G_X^*=\frac{Q_0}{Q}=\frac{\sqrt{3}U_xI\sin\varphi}{-U_xI\cos\varphi}=-\sqrt{3}\tan\varphi \tag{7-52}$$

$$\tan\varphi=\frac{G_X^*A_Q}{G_XA_P}=\frac{-\sqrt{3}\tan\varphi\cdot A_Q}{\sqrt{3}\cot\varphi\cdot A_P}=-\frac{A_P}{A_Q} \tag{7-53}$$

将 $\tan\varphi=-\dfrac{A_P}{A_Q}$ 代入 G_X，得到实际有功电量为

$$A_0=G_XA_P=-\sqrt{3}A_Q \tag{7-54}$$

457. 三相三线多功能电能表端钮 5、7 互换结果如何?

答：三相三线多功能电能表端钮 5、7 互换，接线图如图 7-28 所示。由于电能表 5、7 端钮接线互换，W 相电流反向进入第二元件电流线圈，第二元件为负功率，但第一元件（U 相）电流接线正常。作电能表相量图，如图 7-29 所示。

则功率表达式为

$$\begin{aligned}P&=U_{UV}I_U\cos(30°+\varphi)+U_{WV}(-I_W)\cos(150°+\varphi)\\&=U_xI\left(\frac{\sqrt{3}}{2}\cos\varphi-\frac{1}{2}\sin\varphi\right)+U_xI\left(-\frac{\sqrt{3}}{2}\cos\varphi-\frac{1}{2}\sin\varphi\right)\\&=-U_xI\sin\varphi\end{aligned} \tag{7-55}$$

更正系数为

$$G_X = \frac{P_0}{P} = \frac{\sqrt{3}U_x I\cos\varphi}{-U_x I\sin\varphi} = -\frac{\sqrt{3}}{\tan\varphi} \quad (7-56)$$

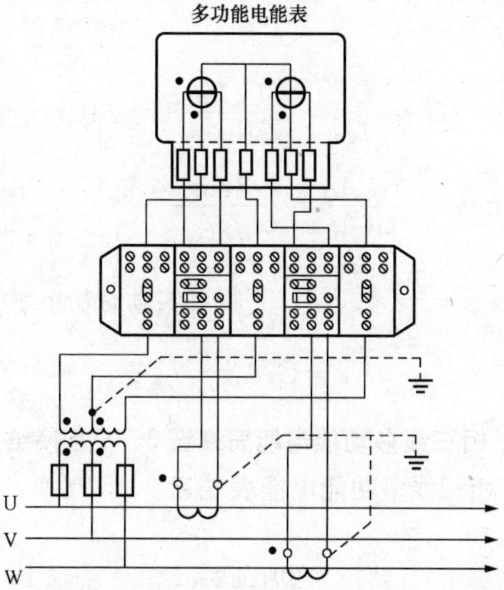

图 7 - 28　三相三线多功能电能表端钮 5、7 互换图

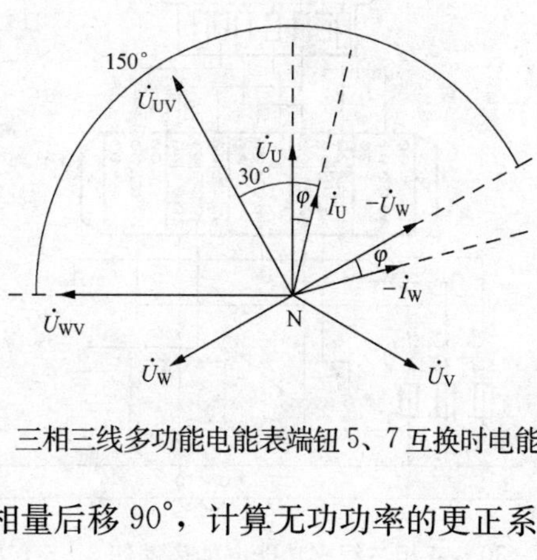

图 7 - 29　三相三线多功能电能表端钮 5、7 互换时电能表相量图

将电压相量后移 90°，计算无功功率的更正系数。

无功功率表达式为

$$Q = U_{UV} I_U \cos(60° - \varphi) + U_{WV}(-I_W)\cos(60° + \varphi)$$
$$= U_x I\cos\varphi \qquad (7-57)$$

更正系数为

$$G_X^* = \frac{Q_0}{Q} = \frac{\sqrt{3}U_x I\sin\varphi}{U_x I\cos\varphi} = \sqrt{3}\tan\varphi \qquad (7-58)$$

$$\tan\varphi = \frac{G_X^* A_Q}{G_X A_P} = \frac{\sqrt{3}\tan\varphi \cdot A_Q}{-\sqrt{3}\cot\varphi \cdot A_P} = -\frac{A_P}{A_Q} \qquad (7-59)$$

将 $\tan\varphi = -\frac{A_P}{A_Q}$ 代入 G_X，得到实际有功电量为

$$A_0 = G_X A_P = \sqrt{3}A_Q \qquad (7-60)$$

458. 三相三线多功能电能表端钮 3、5 互换结果如何?

答：三相三线多功能电能表端钮 3、5 互换，接线图如图 7 - 30 所示。

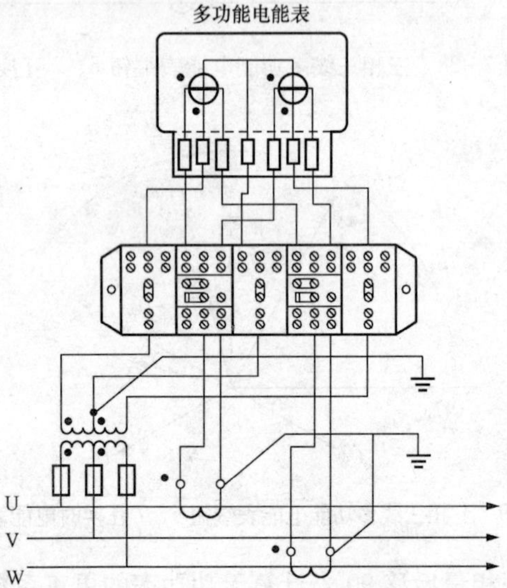

图 7 - 30 三相三线多功能电能表端钮 3、5 互换图

这样主要错误发生在两个电流线圈之间，整理简化电流线圈回路得到电流二次回路原理图，如图 7－31 所示。

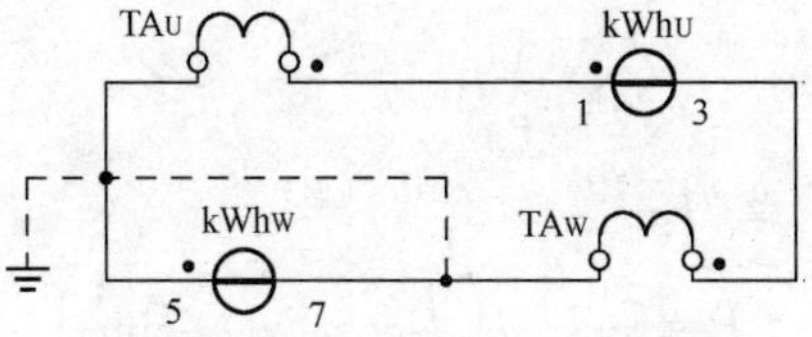

图 7－31　电能表 3、5 端钮互换电流二次回路原理图

图 7－31 中电能表 W 相都被接地线短接，没有电流流入电能表。电流互感器 TAU 与 TAW 二次反向串联后流进电能表 U 相电流线圈。运用电流互感器反向串联计算原理，得到回路电流为 $\frac{1}{2}I_{UW}=\frac{\sqrt{3}}{2}I$。

因为 $\frac{1}{2}I_{UW}$ 是正方向进入电流线圈的，根据回路电流作电能表相量图，如图 7－32 所示。

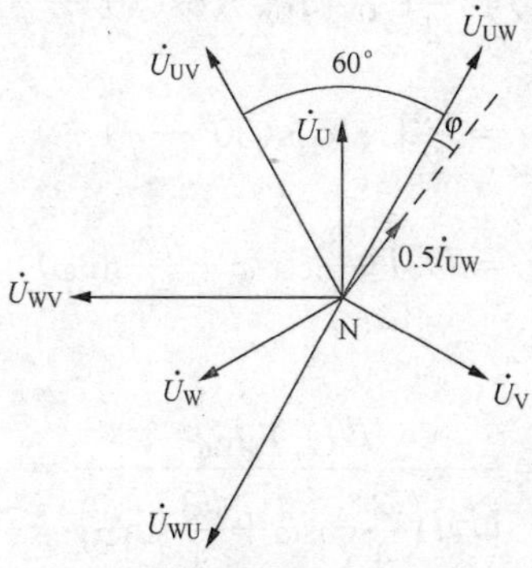

图 7－32　三相三线多功能电能表端钮 3、5
互换时电能表相量图

得到功率表达式为

$$P=\frac{1}{2}U_{UV}(I_{UW})\cos(60^{\circ}+\varphi) \tag{7-61}$$

由于

$$\frac{1}{2}I_{UW}=\frac{\sqrt{3}}{2}I$$

则式（7-61）变为

$$P=\frac{\sqrt{3}}{2}U_{x}I\left(\frac{1}{2}\cos\varphi-\frac{\sqrt{3}}{2}\sin\varphi\right)$$

$$=U_{x}I\left(\frac{\sqrt{3}}{4}\cos\varphi-\frac{3}{4}\sin\varphi\right) \tag{7-62}$$

更正系数为

$$G_{X}=\frac{P_{0}}{P}=\frac{\sqrt{3}U_{x}I\cos\varphi}{U_{x}I\left(\frac{\sqrt{3}}{4}\cos\varphi-\frac{3}{4}\sin\varphi\right)}=\frac{4}{1-\sqrt{3}\tan\varphi} \tag{7-63}$$

将电压相量后移90°，计算无功功率的更正系数。

无功功率表达式为

$$Q=\frac{1}{2}U_{UV}(I_{UW})\cos(30^{\circ}-\varphi)$$

$$=\frac{\sqrt{3}}{2}U_{x}I\cos(30^{\circ}-\varphi) \tag{7-64}$$

$$=U_{x}I\left(\frac{3}{4}\cos\varphi+\frac{\sqrt{3}}{4}\sin\varphi\right)$$

更正系数为

$$G_{X}^{*}=\frac{Q_{0}}{Q}=\frac{\sqrt{3}U_{x}I\sin\varphi}{U_{x}I\left(\frac{3}{4}\cos\varphi+\frac{\sqrt{3}}{4}\sin\varphi\right)}=\frac{4}{\sqrt{3}\cot\varphi+1} \tag{7-65}$$

$$\tan\varphi=\frac{G_X^* A_Q}{G_X A_P}=\frac{\frac{4A_Q}{\sqrt{3}\cot\varphi+1}}{\frac{4A_P}{1-\sqrt{3}\tan\varphi}}=\frac{A_Q-\sqrt{3}A_P}{\sqrt{3}A_Q+A_P} \quad (7-66)$$

将 $\tan\varphi=\frac{A_Q-\sqrt{3}A_P}{\sqrt{3}A_Q+A_P}$ 代入 G_X，得到实际有功电量为

$$A_0=G_X A_P=\sqrt{3}A_Q+A_P \quad (7-67)$$

459. 三相三线多功能电能表电压断相时如何计算更正系数?

答：电子式三相三线多功能电能表一般有两种电压采样方式。

（1）两只电压互感器采用 Vv 接线。这时如果电压发生断相，更正系数计算方法和感应式电能表电压断线相类似，具体方法见表 7-6。

表 7-6　两只采样电压互感器，电压断相时更正系数计算方法

断相位置	各元件电压、电流	电能表所得功率	更正系数 G_X
断 U 相	$0I_U+U_{WV}I_W$	$P=UI\cos(30^\circ-\varphi)$	$\frac{2\sqrt{3}}{\sqrt{3}+\tan\varphi}$
断 V 相	$\frac{1}{2}U_{UW}I_U+\frac{1}{2}U_{WU}I_W$	$P=\frac{1}{2}UI\cos(30^\circ-\varphi)+\frac{1}{2}UI\cos(30^\circ+\varphi)$	2
断 W 相	$U_{UV}I_U+0I_W$	$P=UI\cos(30^\circ+\varphi)$	$\frac{2\sqrt{3}}{\sqrt{3}-\tan\varphi}$

（2）三只采样电压互感器采用 Yy 接线。这时如果发生断相，更正系数计算方法见表 7-7。

表 7-7 三只采样电压互感器，电压断相时更正系数计算方法

断相位置	各元件电压、电流	电能表所得功率	更正系数 G_X
断 U 相	$\frac{1}{2}U_{WV}I_U+U_{WV}I_W$	$P=\frac{1}{2}UI\cos(90°+\varphi)+UI\cos(30°-\varphi)$	2
断 V 相	$\frac{1}{2}U_{UW}I_U+\frac{1}{2}U_{WU}I_W$	$P=\frac{1}{2}UI\cos(30°-\varphi)+\frac{1}{2}UI\cos(30°+\varphi)$	2
断 W 相	$U_{UV}I_U+\frac{1}{2}U_{UV}I_W$	$P=UI\cos(30°+\varphi)+\frac{1}{2}UI\cos(90°-\varphi)$	2

由表 7-7 可见，当电能表内部采样电压互感器为 Yy 接线时，断任何一相电压，其更正系数均为 2。此结论仅适用，发生“失压事件”时残余电压仍然计量的三相三线多功能电能表。当电能表发生“失压事件”，电能表记录的是失压时间段正常相功率时，也就是残余电压不计量时，可按表 7-6 计算更正系数。当不清楚电能表内部采样电压互感器接线时，可以在电能表校验台上采取断相方法测得误差，但正确设置实际平均功率因数值，是非常关键的。

460. 三相电能表电流互感器变比不一致时如何更正电量？

答：当三相电能表连接的电流互感器变比不一致时可按照以下步骤进行电量更正。

第一步　计算倍率误差

$$\varepsilon_K=\frac{K^*-K}{K}100\% \tag{7-68}$$

$$(\varepsilon_K+1)K=K^* \tag{7-69}$$

式中　ε_K——互感器倍率误差；

K^*——互感器计算倍率；

K——互感器实际倍率。

第二步　计算合成误差

$$\varepsilon_{HK}=\frac{K^*P_1+K^*P_2-KP}{KP}\times 100\%$$
$$=\frac{(\varepsilon_{UK}+1)KP_1+(\varepsilon_{WK}+1)KP_2-KP}{KP}\times 100\%$$
$$=\frac{(\varepsilon_{UK}+1)P_1+(\varepsilon_{WK}+1)P_2-P}{P}\times 100\% \quad (7-70)$$

式中 ε_{HK}——互感器倍率不一致合成误差；

P_1——三相二元件第一元件记录功率；

P_2——三相二元件第二元件记录功率；

P——三相二元件合元件记录功率。

当三相三线电能表接线正确时合成误差为

$$\varepsilon_{HK}=\frac{\varepsilon_{UK}+\varepsilon_{WK}}{2}-\frac{\varepsilon_{UK}-\varepsilon_{WK}}{2\sqrt{3}}\tan\varphi \quad (7-71)$$

当三相四线电能表接线正确时合成误差为

$$\varepsilon_{HK}=\frac{1}{3}(\varepsilon_{UK}+\varepsilon_{VK}+\varepsilon_{WK}) \quad (7-72)$$

当 $K^*=K$ 时，应该以 $\varepsilon_K=0$ 代入合成误差公式。

如果有错误接线，应该按公式求得更正系数

$$G_X=\frac{P_0}{P} \quad (7-73)$$

第三步　更正电量

$$\Delta A=A\left(\frac{G_X}{1+\varepsilon_{HK}}-1\right) \quad (7-74)$$

461. 三相四线静止式电能表一相电流互感器极性反接时如何计算更正系数?

答：三相四线静止式电能表，当总功率为正时，采用三相功率代数和相加，计入正向总功率。所以当有一相电流互感器极性反接时，更正系数为$G_X=3$。

462. 三相四线静止式电能表两相或三相电流互感器极性反接时如何计算更正系数?

答：总功率为负时，三相四线静止式电能表采用三相功率绝对值相加计入正向总功率，同时储存负功率。所以当有两相或三相电流互感器极性反接时不必更正电量。

463. 如何利用故障时间计算补（退）电量?

答：在电压互感器二次回路安装失压计时器，可以按照记录二次失压相别和时间计算和更正记录电量。

（1）计算更正系数G_X。

（2）计算实际平均功率P_0

$$P_0 = AG_X/(G_X t - G_X t_x + t_x) \qquad (7-75)$$

式中 A——抄表期内记录电量；

t——抄表期内计量时间，h；

t_x——抄表期内故障计量时间，h；

（3）计算补（退）电量ΔA

$$\Delta A = P_0 t - A \qquad (7-76)$$

抄表期内负荷波动较大，会使补（退）电量产生一定误差。

464. 防止电能计量装置错误接线有哪些措施?

答：为了防止电能计量装置错误接线，应采取一些技术措施和组织措施：①使用统一的电能计量装置接线图和施工安装图。②互感器二次电压和电流回路分开，三相三线两台电流互感器采用 4 根导线，三相四线三台电流互感器采用 6 根导线，导线应按相分色。③对电能计量装置安装人员加强专业培训，考核合格才能上岗操作。

第八章 装表接电

第一节 基本知识

465. 装表接电的常用工具有哪些?

答：装表接电的常用工具有试电笔、钢丝钳、尖嘴钳、斜口钳、剥线钳、螺丝刀、电工刀、扳手、封印钳、手电钻、油性记录笔、毛刷、压接钳等。

466. 装表接电的常用仪表有哪些?

答：装表接电的常用仪表有万用表、钳形电流表、相位伏安表、相序指示器等。

467. 装表接电需要哪些材料?

答：BV 型聚氯乙烯绝缘铜芯线、BVR 型聚氯乙烯绝缘铜芯软线、RS485 $1mm^2$ 屏蔽多股绞合镀锡铜导线、封印、编号套、塑料捆扎带、铜压接端子、紧固件、电能表、电流互感器、电压互感器、接线盒、用电信息采集终端等。

468. 什么是试验接线盒?

答：试验接线盒是指用以进行电能表现场试验及换表时，不致影响计量单元各个电气设备正常工作的专用部件。

469. 什么是计量方式?

答：计量方式又称量电方式，分为高供高计、高供低计、低供低计三种方式。

470. 什么是高供高计?

答：高压供电是指电能计量装置装在受电变压器的高压

侧，在高压侧计量电能的方式。高压供电的客户原则上应采用“高供高计”计量方式。

471. 什么是高供低计？

答：高压供电，电能计量装置装在受电变压器的低压侧（不一定是低压电），在低压侧计量电能的方式。根据《国家电网公司业扩供电方案编制导则》的规定，下列高压供电的客户，高压侧计量确有困难时，可在低压侧计量，即采用高供低计方式：

（1）10kV 供电且容量在 315kVA 及以下的。

（2）35kV 供电且容量在 500kVA 及以下的。

472. 什么是低供低计？

答：低压供电是指电能计量装置装在的低压侧，在低压侧计量电能的方式。

473. 什么是计量点？

答：计量点是指电网在供电、受电过程中需要在电网的某些关键点装设电能计量装置测量电能量，这些关键点为计量点。分为用于贸易结算计量点与考核计量点，贸易结算的电能计量装置，原则上应设置在供电设备资产分界处。

474. 电能计量装置由哪些设备组成？

答：电能计量装置包括的设备和附件有：有功、无功、最大需量、复费率和多功能等各种电能表，计量用电流、电压互感器及其二次回路，用电信息采集终端，失压计时器、专用电能计量柜和计量箱。

475. 什么是电流互感器的二次回路？

答：电流互感器的二次回路是指交流测量仪表的电流线圈及其他电气设备的电流线圈，通过导线与电流互感器二次绕组连接的电路。

476. 什么是电压互感器的二次回路？

答：电压互感器的二次回路是指交流测量仪表的电压线圈及其他电气设备的电压线圈，通过导线与电压互感器二次绕组连接的电路。

477. 二次回路的作用是什么？

答：二次回路的作用主要是通过对一次回路的监测来反映一次回路的工作状态及各种电力测量数据，并控制一次系统的运行。当一次回路发生故障时，二次回路的继电保护装置迅速动作，将故障部分分离，并发出信号，保证一次设备安全、可靠、经济、合理地运行。

第二节 技术规定

478. 用户电能计量装置的安装原则是什么？

答：用户电能计量装置的安装原则如下：

（1）供电企业应在用户每一个受电点内按不同电价类别，分别安装用电计量装置。每个受电点作为用户的一个计费单位。

（2）在用户受电点内难以按电价类别分别装设用电计量装置时，可装设总的用电计量装置，然后按其不同电价类别用电设备容量的比例或实际可能的用电量，确定不同电价类别用电量的比例或定量进行分算，分别计价。供电企业每年至少对上述比例或定量核定一次，用户不得拒绝。

（3）用电客户的计量点原则上应设置在供电设施的产权分界处。

（4）城乡居民用电实行一户一表。

（5）临时用电客户一般应装设电能计量装置用电。对于用电时间较短而且又不具备装表条件的，也可以不装表，按其用电容量、使用时间、规定的电价计收电费。

（6）特殊无表客户可以在其多个用电点中选取其中某一用电点装置参照表，以该表的用电量乘以用电点数计算该户的用电量。

（7）单相供电的用户应装设单相电能计量装置，三相供电用户应装设三相电能计量装置。单相供电容量超过10kW时，宜采用三相供电。

（8）实行两部制电价的用户应装设四合一多功能电表计量。

（9）对需考核功率因数的用户，应装设具有双向无功计量的多功能电表。

（10）低压供电负荷电流在50A及以下时，宜采用直接接入式电能表；低压供电负荷电流在50A以上时，宜采用经电流互感器接入式的接线方式。

479. 确定电能计量点的基本原则是什么？

答：确定电能计量点的基本原则是：贸易结算用电能计量装置，原则上应设置在供用电设施产权分界点处；如果产权分界点不具备装设电能计量装置的条件或为了方便管理将电能计量装置装在其他合适的位置的，其线路损耗按产权所有权负担。高压供电的，在受电变压器低压侧计量的，还应计收变压器损耗。

480. 高压用户的计量点如何确定？

答：高压供电客户的计量点，原则上应选在高压电源资产分界点处。专线供电客户，其计量点选在专线的始端，即供电企业变电所客户专线间隔上，但是当有其他技术上的原因，其计量点不能选在专线的始端时，可征得客户的同意后，安装在专线末端，即客户变电所的进线间隔，但在计算客户的有、无功电量及最大需量时应加上专线的线损电量及需量。具体情况如下：

(1) 专线客户的计量点，如图 8-1 所示。可选在专线始端计量点 1（《供电营业规则》规定：产权属于用户且由用户运行维护的线路，以公用线路分支杆或专用线路接引的公用变电站外第一基电杆为分界点，专用线路第一基电杆属用户），也允许选在专线末端计量点 2，但不能选在变压器低压侧，即"高供低计"量电方式。

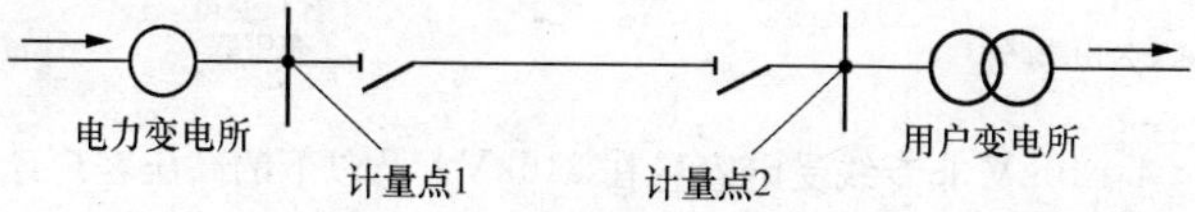

图 8-1　专线客户的计量点

(2) 35kV 非专线受电的高压客户计量点，如图 8-2 所示。计量点应选在高压进户处（《供电营业规则》规定：35kV 及以上公用高压线路供电的，以用户厂界外或用户变电站外第一基电杆为分界点。第一基电杆属供电企业）。

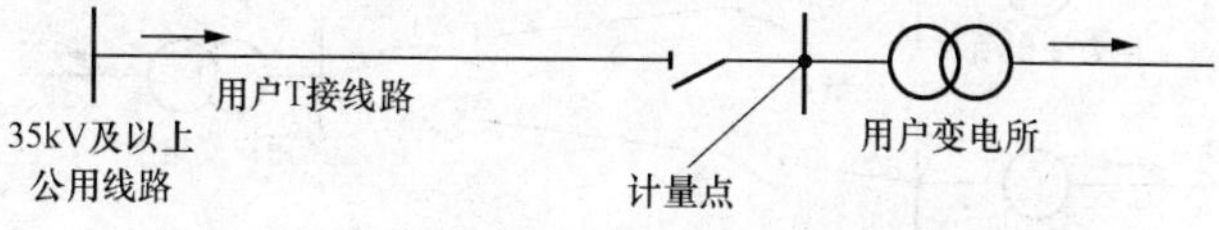

图 8-2　35kV 非专线受电的高压客户计量点

(3) 10kV 非专线受电容量在 315kVA 以上的高压客户计量点，如图 8-3 所示。计量点应选在高压进户处。(《供电营业规则》规定：10kV 及以下公用高压线路供电的，以用户厂界外或配电室前的第一断路器或第一支持物为分界点，第一断路器或第一支持物属供电企业）。

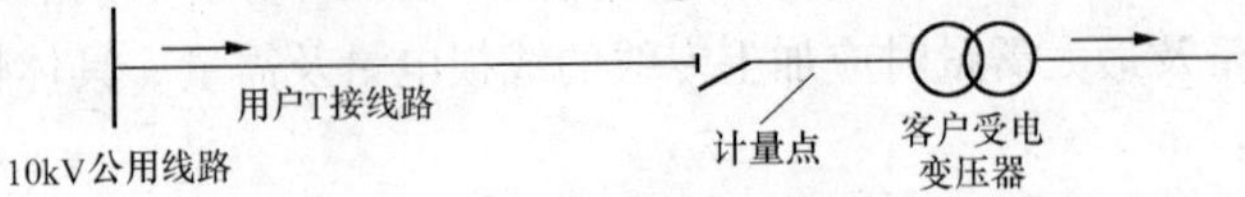

图 8-3　10kV 非专线受电容量在 315kVA 以上的高压客户计量点

（4）10kV 非专线受电容量在 315kVA 及以下的高压客户计量点，如图 8-4 所示。计量点可选在主变压器低压侧。

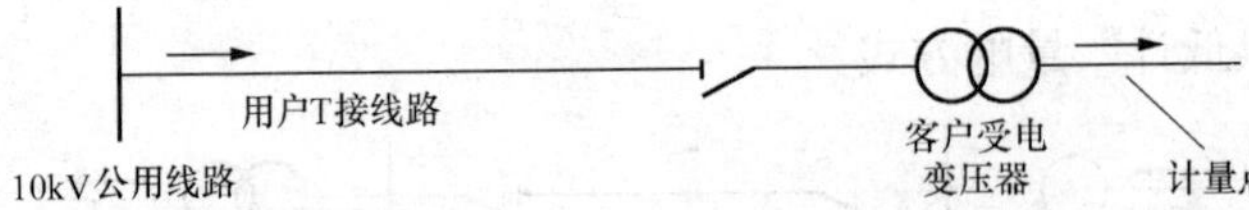

图 8-4　10kV 非专线受电容量在 315kVA 及以下的高压客户计量点

481. 多电源高压用户如何确定计量点？

答：多电源高压供电用户，在每一电源的资产分界处上分别设置计量点。

（1）多电源专线用户计量点的确定如图 8-5 所示。

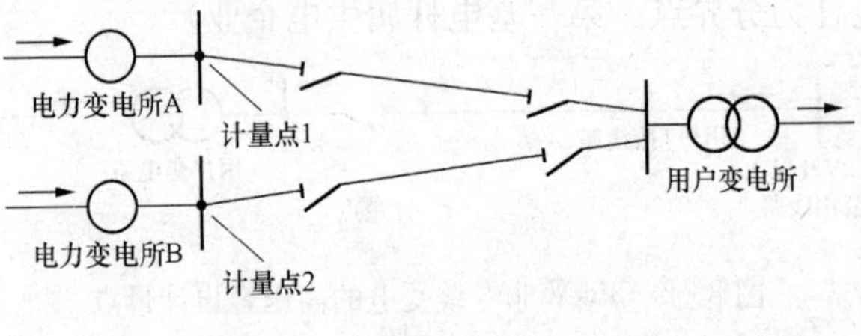

图 8-5　多电源专线用户计量点

（2）多电源非专线用户计量点的确定如图 8-6 所示。

（3）专线与非专线多电源混合用户计量点的确定如图 8-7 所示。

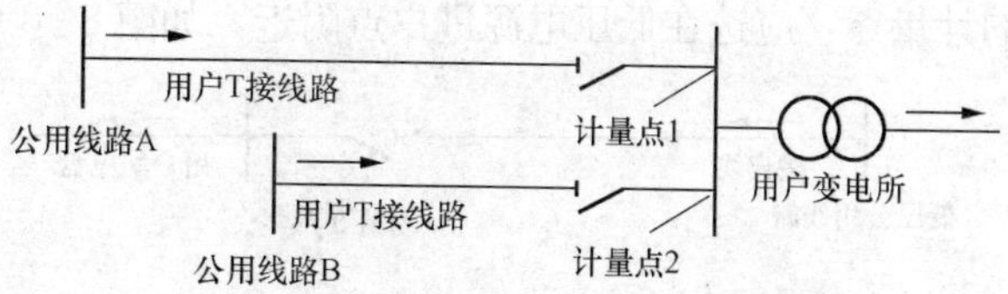

图 8-6　多电源非专线用户计量点

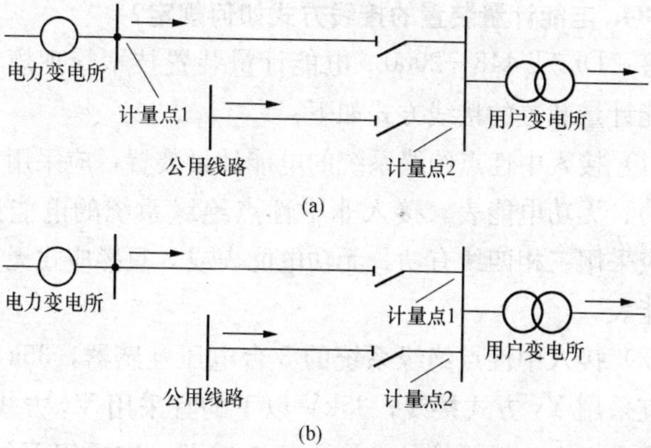

图 8-7　混合用户计量点

(a) 专线与非专线多电源混合用户计量点之一；(b) 专线与非专线多电源混合用户计量点之二

482. 高供低计方式不适用哪些高压供电用户？

答：高供低计方式不适用以下情况之一的高压供电用户：

(1) 有二台及以上台数变压器变电的用户。

(2) 主变压器为三绕组变压器变电的用户。

(3) 供电电压为 110kV 及以上的用户。

483. 低压用户如何确定计量点？

答：《供电营业规则》规定：公用低压线路供电的，以供电接户线用户端最后支持物为分界点，支持物属供电企业。低压用户的计量点，应选在低压电源进户点附近，如图8-8所示。

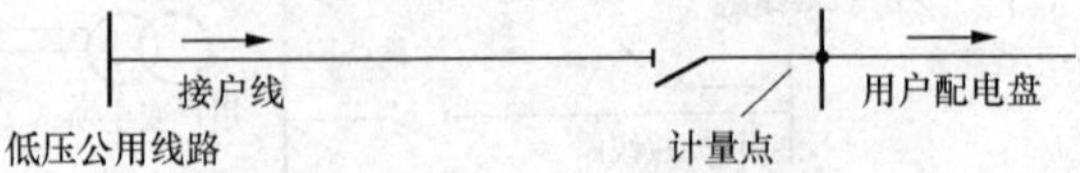

图8-8　低压用户的计量点

484. 电能计量装置的接线方式如何规定?

答：DL/T 448—2000《电能计量装置技术管理规程》规定电能计量装置的接线方式如下：

(1) 接入中性点绝缘系统的电能计量装置，应采用三相三线有功、无功电能表。接入非中性点绝缘系统的电能计量装置，应采用三相四线有功、无功电能表或3只感应式无止逆单相电能表。

(2) 接入中性点绝缘系统的3台电压互感器，35kV及以上的宜采用Yy方式接线；35kV以下的宜采用Vv方式接线。接入非中性点绝缘系统的3台电压互感器，宜采用Y_0y_0方式接线。其一次侧接地方式和系统接地方式相一致。

(3) 低压供电，负荷电流为50A及以下时，宜采用直接接入式电能表；负荷电流为50A以上时，宜采用经电流互感器接入式的接线方式。

(4) 对三相三线制接线的电能计量装置，其2台电流互感器二次绕组与电能表之间宜采用四线连接。对三相四线制连接的电能计量装置，其3台电流互感器二次绕组与电能表之间宜采用六线连接。

485. 电能计量装置的配置原则如何规定?

答：DL/T 448—2000《电能计量装置技术管理规程》规定电能计量装置的配置原则如下：

（1）贸易结算用的电能计量装置原则上应设置在供用电设施产权分界处；在发电企业上网线路、电网经营企业间的联络线路和专线供电线路的另一端应设置考核用电能计量装置。

（2）Ⅰ、Ⅱ、Ⅲ类贸易结算用电能计量装置应按计量点配置计量专用电压、电流互感器或者专用二次绕组。电能计量专用电压、电流互感器或专用二次绕组及其二次回路不得接入与电能计量无关的设备。

（3）计量单机容量在100MW及以上发电机组上网贸易结算电量的电能计量装置和电网经营企业之间购销电量的电能计量装置，宜配置准确度等级相同的主副两套有功电能表。

（4）35kV以上贸易结算用电能计量装置中电压互感器二次回路，应不装设隔离开关辅助触点，但可装设熔断器；35kV及以下贸易结算用电能计量装置中电压互感器二次回路，应不装设隔离开关辅助触点和熔断器。

（5）安装在用户处的贸易结算用电能计量装置，10kV及以下电压供电的用户，应配置全国统一标准的电能计量柜或电能计量箱；35kV电压供电的用户，宜配置全国统一标准的电能计量柜或电能计量箱。

（6）贸易结算用高压电能计量装置应装设电压失压计时器。未配置计量柜（箱）的，其互感器二次回路的所有接线端子、试验端子应能实施铅封。

（7）互感器二次回路的连接导线应采用铜质单心绝缘线。对电流二次回路，连接导线截面积应按电流互感器的额定二次负荷计算确定，至少应不小于4mm^2。对电压二次回路，连接导线截面积应按允许的电压降计算确定，至少应不小于2.5mm^2。

（8）互感器实际二次负荷应在25％～100％额定二次负荷范围内；电流互感器额定二次负荷的功率因数应为0.8～1.0；电压互感器额定二次功率因数应与实际二次负荷的功率因数

接近。

(9) 电流互感器额定一次电流的确定，应保证其在正常运行中的实际负荷电流达到额定值的60%左右，至少应不小于30%。否则应选用高动热稳定电流互感器以减小变比。

(10) 为提高低负荷计量的准确性，应选用过载4倍及以上的电能表。

(11) 经电流互感器接入的电能表，其标定电流宜不超过电流互感器额定二次电流的30%，其额定最大电流应为电流互感器额定二次电流的120%左右。直接接入式电能表的标定电流应按正常运行负荷电流的30%左右进行选择。

(12) 执行功率因数调整电费的用户，应安装能计量有功电量、感性和容性无功电量的电能计量装置；按最大需量计收基本电费的用户应装设具有最大需量计量功能的电能表；实行分时电价的用户应装设复费率电能表或多功能电能表。

(13) 带有数据通信接口的电能表，其通信规约应符合DL/T 645—2007《多功能电能表通信规约》的要求。

(14) 具有正、反向送电的计量点应装设计量正向和反向有功电量以及四象限无功电量的电能表。

486. 居民计量箱配置有哪些要求?

答：居民用户的电能表必须安装在专用计量箱内。根据住宅的实际情况配置电能计量专用箱（简称计量箱）。

(1) 10kV供电低压配电居民用户可在低压进户处装设计量箱。

(2) 低压居民用户（高层）可在每一楼层装设计量箱。

(3) 低压居民用户（小高层）可在底层电表间集中装设计量箱。

(4) 低压居民用户（公寓）在各单元的楼道底层装置计量箱。

（5）零星居民用户应装设户外式计量箱。

（6）计量箱中的容积应能安装若干只电能表外，还能装设有总进线闸刀（熔断器）和分路出线断路器，其中分路出线断路器不准与电能表共用一仓。计量箱根据所装的电能表的数量分成若干类型，成套居民住宅小区（含高层、小高层建筑）的计量箱应为嵌入式并可封印。

487. 非居用户计量箱配置有哪些要求？

答：非居用户根据其供电电压、受电容量按以下规定配置计量柜（箱）：

（1）低压非居用户应在进户处装设非居专用计量柜（箱）。

（2）供电电压为10kV受电容量在100kVA以下用户可在变压器低压侧装设非居专用计量柜（箱）。

（3）供电电压为10kV受电容量在100kVA及以上用户。当用户采用10kV配电的，应在10kV进户处装设专用计量柜；当用户采用低压配电时应在变压器高压侧装设计量专用户外组合互感器。

（4）供电电压为35kV受电容量在3150kVA以下用户，应装设与用户配电设施相一致的专用计量柜。

（5）供电电压为35kV受电容量在3150kVA及以上用户采用35kV户外配电时，应装设专用计量电流互感器或专用电流互感器二次线圈和专用电压互感器二次连接线，并不得与保护、测量回路共用。

（6）供电电压为35kV受电容量在3150kVA及以上用户，采用35kV户内配电时装设与用户配电设施相一致专用计量柜。

（7）供电电压在110kV及以上用户采用专用电流互感器二次线圈和专用电压互感器二次连接线，并不得与保护、测量回路共用。

488. 电能计量柜应具备哪些基本功能?

答：电能计量柜应具备下列基本功能：

(1) 一体式电能计量柜应设置防止误操作的安全联锁装置。

(2) 人体接近带电体、带电体与带电体以及带电体及机械部件之间的安全防护距离应符合相关规程要求。

(3) 电气设备及元件，应选用符合国家有关产品标准，并经检验合格的产品。

(4) 电能计量柜的电气接地应符合国家规定的要求。

(5) 电能计量柜的外壳面板及信号灯和按钮、标识等应符合规程（国家标准）的要求。

489. 电能计量柜（箱）的结构和工艺、技术要求有哪些?

答：电能计量柜（箱）的结构及工艺，应满足安全运行、准确计量、运行监视和试验维护的要求，同时还应具备下列技术要求：

(1) 电能计量柜（箱）的壳体及机械部件应具有足够的机械强度，在储存、运输、安装、操作和检修时不会发生有害的变形。

(2) 电能计量柜（箱）应有足够的空间安装电能计量器具，其计量器具的安装位置还应考虑现场拆换的方便。电能计量柜（箱）应具备可靠的防窃电要求。

(3) 电能计量柜（箱）的各柜（箱）门上必须设置可铅封门锁，并应带有视窗。其玻璃应用无色透明材料，厚度不小于4mm，面积应满足监视和抄表的要求。

(4) 电能表应安装在专用支架上。

(5) 各单元之间，宜用隔板或采用箱体结构加以区分和隔离。

（6）连接导线之间不得有接头，可移动的部件及需经常试验或拆卸的导线应留有必要的余度。

（7）应有装设电力用电信息采集终端的位置。

第三节 电能计量装置的安装与更换

490. 电能计量装置的安装应如何进行?

答：电能计量装置的安装应按经审查的施工设计或用户业扩工程确定的供电方案进行。

（1）安装的电能计量器具必须经法定授权的电能计量技术机构检定合格。

（2）使用电能计量柜的用户或发、输、变电工程中电能计量装置的安装可由施工单位进行，其他贸易结算用电能计量装置均应由供电企业安装。

（3）电能计量装置安装应执行电力工程安装规程的有关规定和电能计量标准的规定。

（4）电能计量装置安装完工应填写竣工单，整理有关的原始技术资料，做好验收交接准备。

491. 安装电能表前的准备工作有哪些?

答：安装电能表前的准备工作：

（1）装接人员接到营销系统装接指令后，打印《电能计量装接单》。

（2）装接人员核对《电能计量装接单》上所列的计量装置是否与确定用户供电方式和申请的容量相适合。

（3）装接人员凭《电能计量装接单》到表库领取电能表、互感器等，并核对领用的电能表、互感器是否与装接单所列的型号、容量、编号等相一致。

（4）检查电能表的出厂封印、校验封印、资产编码、接线图是否齐全；电能表的外壳是否完好；感应式电能表的转盘是否卡住；检查互感器的铭牌、极性标志是否清晰、完整，接电螺丝是否完好等。

（5）检查装接工作所需的材料、工具、仪表是否完好、齐备。

（6）装接工作至少 2 人，工作前按规定做好有关安全措施。

（7）做好电能表与互感器在运输途中的防震、防尘、防水措施。

492. 装表过程中有哪些安全注意事项？

答：装表过程中安全注意事项如下：

（1）现场装表工作应戴好安全帽，穿绝缘鞋，需要登高作业时，应使用合格的登高工器具，系好安全带，防止高空坠落。

（2）工作只需使用梯子作业时，应有专人扶护，防止梯子不稳等情况造成的人身伤害。

（3）进行带电作业时，应严格执行《国家电网公司电力安全工作规程》的相关规定，使用合格的工器具，做好保证安全的组织措施和技术措施。

（4）装接人员严禁操作或代替用户操作用户产权的电气设备。

493. 电能计量柜（箱）的安装要求是什么？

答：电能计量柜（箱）的安装要求如下：

（1）63kV 及以上的计费电能表应配有专用的电流、电压互感器或电流互感器专用二次绕组和电压互感器专用二次回路。

（2）35kV 电压供电的计费电能表应采用专用的互感器或电能计量柜。

(3) 10kV 及以下电力用户处的电能计量点应采用全国统一标准的电能计量柜（箱），低压计量柜应紧靠进线处，高压计量柜则可设置在主受电柜后面。

(4) 居民用户的计费电能计量装置，必须采用符合要求的计量箱。

(5) 计量箱与墙壁间的固定点应不少于 3 处，安装应牢固、可靠，使箱体不能前后左右移动。倾斜不能超过 3°。

494. 电能表的安装有哪些要求?

答：电能表的安装要求如下：

(1) 高供低计的用户，计量点至变压器低压侧的电气距离不宜超过 20m。

(2) 电能表应安装在电能计量柜（屏）上，每一回路的有功和无功电能表应垂直排列或水平排列，无功电能表应在有功电能表下方或右方，电能表下端应加有回路名称的标签，二只三相电能表相距的最小距离应大于 80mm，单相电能表相距的最小距离为 30mm，电能表与屏边的最小距离应大于 40mm。

(3) 室内电能表宜装在 0.8～1.8m 的高度（表水平中心线距地面尺寸）。

(4) 装在计量箱（屏）内及电能表板上的开关、熔断器等电气设备应垂直安装，上端接电源，下端接负荷。相序应一致，从左侧起排列相序为 U、V、W 或 U（V、W）、N。

(5) 电能表安装必须垂直牢固，表中心线向各方向的倾斜不大于 1°，每只电能表除挂表螺丝外至少还应有一只定位螺丝。

(6) 安装在绝缘板上的三相电能表，若有接地端钮的，应将其可靠接地或接零。

(7) 雷电多发地区，计量装置应装设防雷保护，如采用低压阀型避雷器等。

(8) 在装表时，必须严格按照接线盒内的接线图施工。

(9) 在装表接线时，应遵循以下接线原则：

1) 单相电能表必须将相线接入电流线圈。

2) 三相电能表必须按正相序接线。

3) 三相四线电能表必须接零线。

4) 电能表的零线必须与电源零线直接联通，不允许相互串联，不得采用接地、接金属外壳等方式代替。

5) 进表导线与电能表接线端钮应为同种金属导体。

(10) 进入电能表端钮盒内的导线应无金属裸露在外，并将端钮盒内的螺丝逐个拧紧。

(11) 装于室外的电能表应采用户外式电能表计量箱。

495. 互感器的安装有哪些要求?

答：互感器的安装要求如下：

(1) 为了减少三相三线电能计量装置的合成误差，安装互感器时，宜考虑互感器合理匹配问题，即尽量使接到电能表同一元件的电流、电压互感器比差符号相反，数值相近；角差符号相同，数值相近。当计量感性负荷时，宜把误差小的电流、电压互感器接到电能表的 W 相元件。

(2) 同一组的电流（电压）互感器应采用制造厂、型号、额定电流（电压）变比、准确度等级、二次容量均相同的互感器。

(3) 二只或三只电流（电压）互感器进线端极性符号应一致，以便确认该组电流（电压）互感器一次及二次回路电流（电压）的正方向。

(4) 互感器二次回路应安装试验接线盒，并符合试验接线盒的技术要求，便于实负荷校表和带电换表。

(5) 低压穿芯式电流互感器应采用固定单一的变比，以防发生互感器倍率差错。

(6) 低压电流互感器二次负荷容量不得小于 10VA。高压电流互感器二次负荷可根据实际安装情况计算确定。

496. 如何安装互感器?

答：互感器的安装、连接如图 8-9 所示。

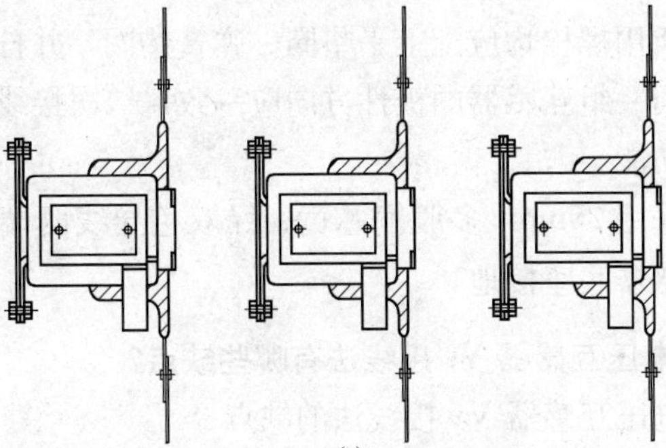

(a)

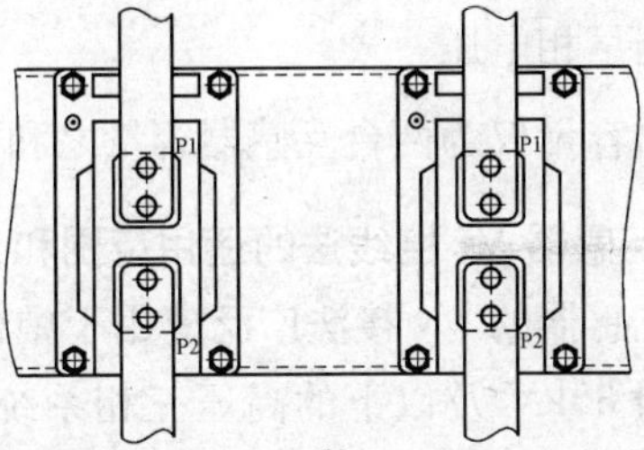

(b)

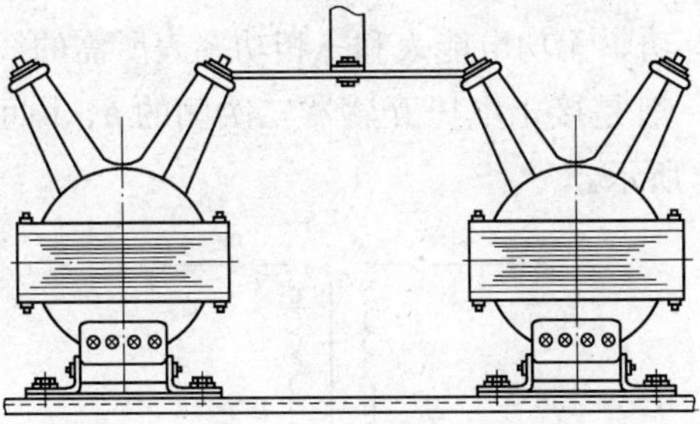

(c)

图 8-9 互感器安装、连接图

(a) 低压电流互感器安装、连接图之一；(b) 高压电流互感器安装、连接图之二；(c) 电压互感器安装、连接图之三

(1) 检查产品的完整性，并核对型号与装接单、图纸是否相符。

(2) 将互感器用4只螺栓固定安装在支架上，调整相间距离，安装所用螺栓均应配上平垫圈、弹簧垫圈，并拧紧螺栓。

(3) 同一组互感器的极性方向应一致，二次接线端子应具有防窃电功能。

(4) 采用25mm^{2}多股铜芯黄、绿双色导线两端压好铜接头，将互感器底座接地。

497. 电压互感器Vv接线法有哪些缺点？

答：电压互感器Vv接线法的缺点：

(1) 不能接入监视系统绝缘状况的电压表。

(2) 不能测量相电压。

(3) 总输出容量仅为两台互感器容量之和的$\sqrt{3}/2$倍。

498. 电压互感器Vv接线法的适用范围和优越性是什么？

答：电压互感器的Vv接法广泛应用于中性点不接地或经消弧线圈接地的35kV及以下的高压三相系统，特别是10kV三相系统。因为这种接线方式既能节约一台电压互感器，又可满足三相有功、无功电能表和三相功率表所需的线电压。仪表电压线圈一般是接于电压互感器二次侧的a、b间和c、a间，如图8-10所示。

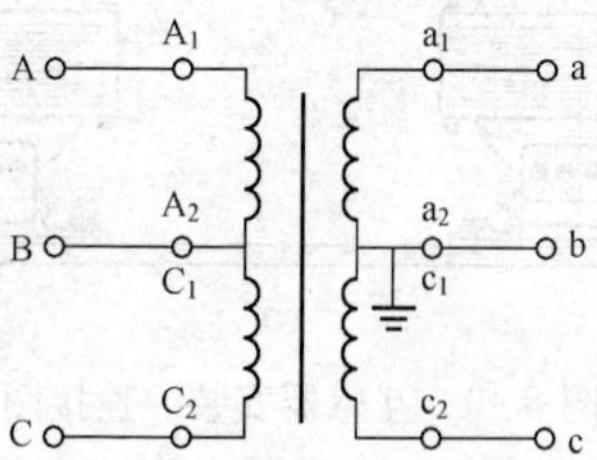

图8-10 两台TV组成的三相Vv实际接法

499. 电压互感器 Yyn 接线法的适用范围和缺点是什么？

答：电压互感器 Yyn 接线法可用一台三相五柱电压互感器，也可用于三台单相电压互感器构成的三相电压互感器组。这种接法应用于中心点绝缘或小电流接地的高压三相系统，一般将二次侧中性线引出，接成 Yyn 接法，如图 8-11 所示。

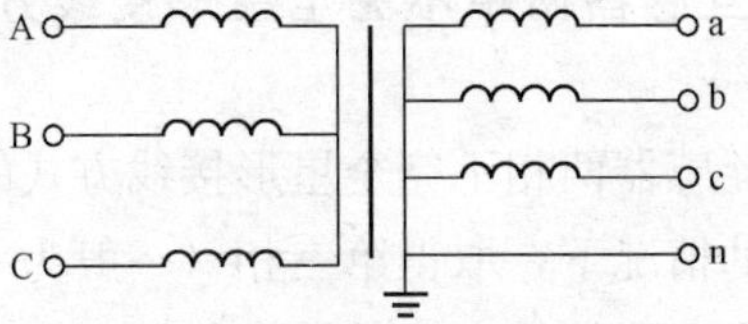

图 8-11 电压互感器 Yyn（Yy_0）接法

这种接线的缺点是：

（1）高压中性点没有接地，中性点与地之间电位抬高。电压互感器绝缘要求提高，造价增加，相对安全性差。

（2）由于高压中性点没有接地，所以不能接入监视系统绝缘状况的电压表。

500. 电压互感器 YNyn 接线法有哪些优点？

答：当电压互感器 YNyn 接线用于大电流接地系统时，多采用三台单相电压互感器构成三相电压互感器组，如图 8-12 所示。

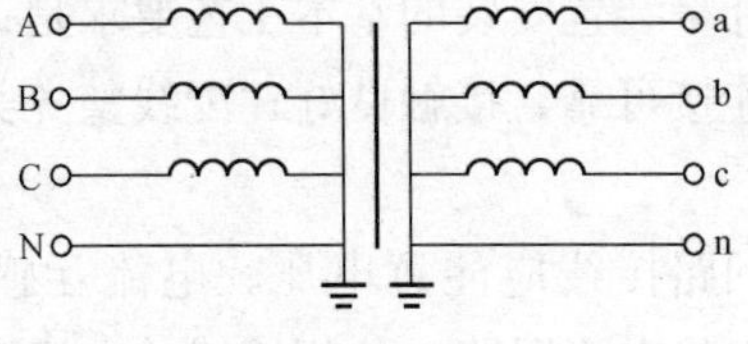

图 8-12 电压互感器 YNyn（Y_0y_0）接法

它的优点如下：

（1）由于高压中性点接地，所以可降低线路绝缘水平，使成本降低。

（2）电压互感器绕组按相电压设计的，这样既可测相电压，又可测线电压。

501. 电流互感器两相不完全星形接线方式的优缺点是什么？

答：电流互感器两相不完全星形接线方式的优点是在减少二次电缆芯数的情况下，取得第三相（一般为 b 相）电流。

两相不完全星形接线方式的缺点如下：

（1）当两台电流互感器中其中一相极性接反时，公共线中的电流变成其他两相电流的相位差，形成计量差错，导致错接线的几率增加。

（2）给现场单相法校验电能表带来困难。两相星形接线主要用于小电流接地的三相三线系统。

502. 电流互感器三相星形接线方式适用于哪些范围？

答：三相星形接线是由三台完全相同的电流互感器构成的。这种接线方式适用于高压大电流接地系统、低压三相四线制电路、发电机二次回路等。

503. 电能计量装置安装的基本工艺要求是什么？

答：电能计量装置安装的基本工艺要求是：按图施工、接线正确；电气连接可靠、接触良好；配线整齐美观；导线无损伤、绝缘良好。

（1）二次回路接线应注意电压、电流互感器的极性端符号。接线时可先接电流回路，分相接线的电流互感器二次回路宜按相色逐相接入，并核对无误后，再连接各相的接地线。简化接线方式的电流互感器二次回路，可利用公共线，分相接入时公共线只与该相另一端连接，其余步骤同上。电流回路接好后再按相接入电压回路。

（2）二次回路接好后，应进行接线正确性检查。

（3）电流互感器二次回路每只接线螺钉只允许接入两根导线。

（4）当导线接入的端子是接触螺钉，应根据螺钉的直径将导线的末端弯成一个环，其弯曲方向应与螺钉旋入方向相同，螺钉（或螺帽）与导线间、导线与导线间应加垫圈。

（5）直接接入式电能表采用多股绝缘导线，应按表计容量选择。遇若选择的导线过粗时，应采用断股后再接入电能表端钮盒的方式。

（6）当导线小于端子孔径较多时，应在接入导线上加扎线后再接入。

（7）金属电能表箱外壳必须接地，采用 $25mm^2$ 多股铜芯黄、绿双色导线两端压好铜接头，接地电阻不应大于 10Ω。

504. 编号套制作及配置有哪些要求？

答：编号套制作及配置要求如下：

（1）按接线图用油性记录笔书写编号套，编号套长度要求为 20mm±2mm。

（2）编号套的字迹清晰、整齐。

（3）导线接线两端应套上具有标号的编号套，编号套应套在导线头两端的绝缘层上。

（4）编号套的标号应与二次接线图完全一致，方向应与视图标示方向一致。

（5）编号套水平放置时，字码应从左到右排列，同排的编号套应上下对齐。

（6）编号套垂直放置时，字码应从上到下排列，同排的编号套应左右对齐。

505. 导线扎束有哪些要求?

答：导线扎束有要求如下：

(1) 导线必须用塑料捆扎带扎成导线束，扎带尾线应修剪平整。

(2) 导线在扎束时必须把每根导线拉直，直线放外，需弯曲的线放里。

(3) 导线转弯均匀，转弯弧度不得小于线径的 2 倍，不允许导线绝缘有损伤现象。

(4) 捆扎带之间的距离：直线为 100mm，转弯处为 50mm。

(5) 导线的扎束必须做到垂直、均匀、整齐、牢固、美观。

506. 导线束敷设有哪些要求?

答：导线束敷设应符合下列要求：

(1) 导线束的敷设原则上按横向对称行走，如受位置限制，允许竖向对称行走。

(2) 电压、电流回路导线排列顺序应按正相序（即黄、绿、红色线为自左身向右或自上向下）排列。

(3) 导线束在穿越金属板孔时，必须在金属板孔上装以大小相适应的橡胶保护圈。

(4) 导线束要用塑料线夹或塑料捆扎带固定：

(5) 导线束两固定点之间的距离横向不超过 300mm，纵向不超过 400mm。

(6) 导线束不允许有晃动现象。

(7) 导线束的敷设必须做到横平竖直、均匀、整齐、牢固、美观，如图 8-13 所示。

507. 连接件应如何处理?

答：当导线与电器元件接线端子、母排连接时，应根据导线结构及搭接对象分别处理。

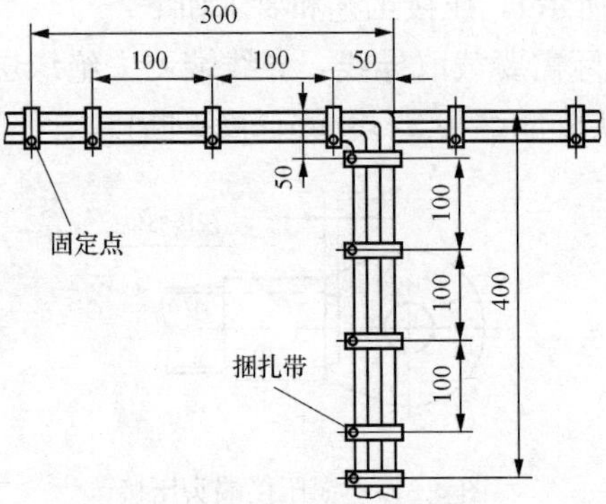

图 8-13　导线束敷设要求

（1）单股导线与电器元件接线端子、母排连接时，导线端剥去绝缘层弯成压接圈后进行连接；压接圈的形状如图 8-14 所示，其弯曲方向必须与螺栓拧紧方向一致，导线绝缘层切不可压入垫圈内。

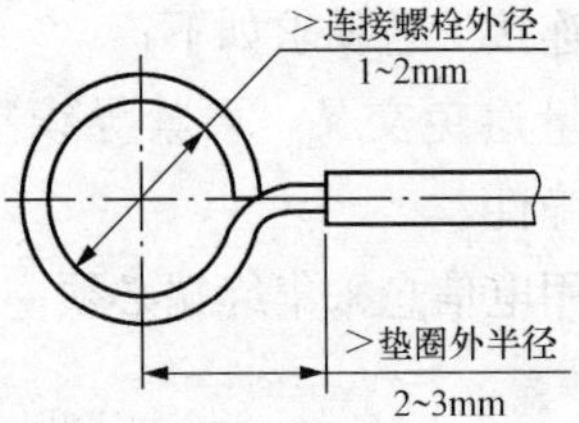

图 8-14　压接圈

（2）单股导线与电器元件插入式接线端子连接时，如导线直径小于接线端子孔径较多，将导线端剥去绝缘层折叠成双股再插入接线端子；插入的导线不得有露铜现象，紧固件不得压在导线绝缘层上。

（3）多股导线与电器元件接线端子、母排连接时，导线端剥去绝缘层、压接与导线截面和连接螺栓相匹配的铜压接端头

(如图 8 - 15 所示)。压接工艺和要求如下：

1) 按实际需要截取导线，导线端剥去绝缘层，线头长度为压接后线头外露端头 2～3mm；修平断口。

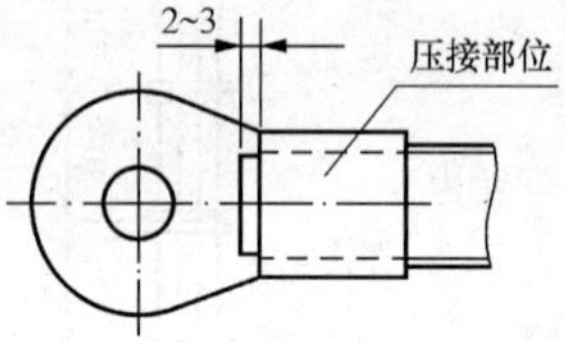

图 8 - 15　铜压接端头压接

2) 将已处理的线头放入铜压接端头压接部位到底，再一起放入相应的冷压压接钳钳口挤压成形。

3) 压接钳压接的范围为铜压接端头压接部位；禁止将导线绝缘层压入端头内。

508. 电器元件连接工艺有哪些要求?

答：电器元件连接工艺要求如下：

(1) 导线应尽量避免交叉，严禁导线穿入闭合测量回路中，影响测量的准确性。

(2) 电能表、用电信息采集终端必须一个接线孔连接一根导线。

(3) 当需要连接二根导线如用圆形圈接线时，二根线头间应放一只平垫圈，以保证接触良好。

(4) 互感器二次回路每只接线端螺钉只允许接入两根导线。

(5) 与互感器连接的导线应留有余地。

(6) 固定与互感器连接的母排时，连接处必须自然吻合，接触良好。

(7) 高压互感器二次回路均应只有一处可靠接地。高压电流互感器将互感器二次端与外壳直接接地，星形接线电压互感器应在中性点处接地，Vv接线电压互感器在V相接地。

(8) 与电能表、接线盒、终端连接的导线应留有余地。

(9) 所有紧固螺钉必须拧紧，不接线的螺钉也应拧紧。

509. 电能表的安装场所应符合哪些基本条件?

答：电能计量装置安装场所应符合下列条件：

(1) 周围环境应清洁无灰尘，不易受损、受震、不易受磁力及烟尘影响。

(2) 无腐蚀性气体、易蒸发液体的侵蚀。

(3) 电能表安装的环境温度，对于A组及A1组电能表，应保持在0～40℃之间，对于B组及B1组电能表，应保持在－10～50℃之间。

(4) A、B组电能表对环境相对湿度要求不大于95%，A1、B1组要求不大于85%。

(5) 电能表的安装场所应能保证电能表运行安全、可靠，并方便抄表、维护和现场检验。

510. 低压非居民客户电能计量装置的安装应遵守哪些规定?

答：低压非居民客户电能计量装置的安装应遵守以下规定：

(1) 容量在60A及以下的可以选用计量箱，容量在60A以上宜选用低压计量柜。低压计量柜根据设计图纸预先由客户安装。如选用计量箱时，应安装在进户线附近坚固的建筑物上。进户线穿墙及至低压计量柜（计量箱）的导线应用硬塑管保护，或选用铠装电缆。所选的硬塑管直径要足够大，保证穿过该硬塑管的所有导线的截面之和（包括绝缘包皮的截面）要小于硬塑管截面的40%。

(2) 计量柜（箱）中应设有总进线闸刀（熔断器）、出线断路器。总进线闸刀（熔断器）应和电能表共同安装在同一计量仓内，并能加封。出线断路器应单独设置一仓，不得与电能表合用。

(3) 直接接入式电能表应采用多股铜芯绝缘导线，导线截面积应根据额定的正常负荷电流选择，见表8-1。同时所选导线截面积必须小于端钮盒接线孔。

表8-1　铜芯绝缘线截面表

负荷电流（A）	铜芯绝缘线截面（mm^2）
$I<20$	4.0
$20\leqslant I<40$	6.0
$40\leqslant I<60$	7×1.5
$60\leqslant I<80$	7×2.5
$80\leqslant I<100$	7×4.0

(4) 电流互感器的二次接线应采用分相接线方式，即其3台电流互感器二次绕组与电能表之间宜采用六线连接。电压、电流回路各相导线应分别采用黄、绿、红色线，中性线应采用黑色线或蓝色线。

(5) 电压、电流回路导线均应加装与图纸相符的端子编号，导线排列顺序应按正相序（即黄、绿、红色线为自左向右或自上向下）排列。互感器二次回路应安装试验接线盒，便于实负荷校表和带电换表。互感器从输出端子直接接至试验接线盒和电能表，中间不得有任何辅助接点、接头或其他连接端子。

(6) 互感器二次回路的连接导线应采用BV型铜芯线，对电流二次回路，连接导线截面积应按电流互感器的额定二次负荷计算确定，至少应不小于 $4mm^2$。对电压二次回路，连接导线截面积应按允许的电压降计算确定，至少应不小于 $2.5mm^2$。

（7）多台电能表相连的中心线应采用 T 形接线，避免负荷电流通过电能表中心线桩头，避免多表中心线串接以防止计量失准。

（8）接好电能表后，拉开负载，合上电源检查电能表工作是否正常，包括：接户线过载保护是否动作，是否有异常响声，是否有空转。最后合上负载检查电能表计量是否正确。

511. 互感器二次回路导线如何选择？

答：互感器的二次回路导线选择如下：

（1）电流回路应采用 BV-$4mm^2$ 单股铜芯黄、绿、红导线。

（2）电压回路应采用 BV-$2.5mm^2$ 单股铜芯黄、绿、红导线。

（3）控制回路应采用 BV-$1mm^2$ 单股铜芯黑色导线。

（4）二次接地回路应采用 BVR-$4mm^2$ 多股铜芯黄、绿双色导线。

（5）一次接地回路应采用 BVR-$25mm^2$ 多股铜芯黄、绿双色导线。

（6）中性线应采用 BV-$2.5mm^2$ 单股铜芯黑色导线。

512. 照明用户电能表安装有哪些要求？

答：照明电能表的安装要求如下：

（1）电能表一般应安装在户外临街的外墙上，如临街安装有困难的，可安装在用户室内进门处。装表点应尽量靠近沿墙敷设的接户线，安装位置应便于抄表和日常维护，电能表的安装高度，应使电能表的水平中心线距地面1.8～2.0m。

(2) 电能表的安装，采用表板加专用电能表箱的方式。每一户在表板上安装单相电能表，封闭式专用电表箱一个，闸刀或小型断路器一只，并视情况安装熔断器。

(3) 电表箱应符合国家标准，要达到保护电能表，防窃电以及防雨、防潮、防锈蚀，防阳光直射的作用。

(4) 电能表的电源侧应采用穿管进线或护套线、电缆等从接户线的支持点直接引入到电表箱，电源侧不装设熔断器，不得有接头、破口的情况。

(5) 电能表的负荷侧，应在表箱下的表板上安装熔断器和开关，熔丝的熔断电流应为电能表最大额定电流的1.5倍。

(6) 电能表及表箱应分别进行加封，用户不得自行启封。

513. 高层住宅居民用户的电能表安装有哪些要求?

答：高层住宅居民用户的电能表安装要求如下：

(1) 对于居民用户集中的高层住宅用户，宜以单元为单位，实行集中装表。在高层住宅每单元的楼梯口、一楼楼梯下、一楼和二楼楼梯之间、在地下室设置专门的电表间或高层中间的楼层来安装公用电能表箱1～2个，将该单元所有用户的电能表集中安装在一起。表箱高度一般为1.6～2.0m。

(2) 表箱应有便于抄表的视窗。表箱应全封闭，并做好防窃电工作，对电能表和表箱均应加封。

(3) 表箱内应装有总进线开关及专用接线端子排，电源进入表箱后，先进入开关，通过专用接线排到各户的电能表，最后各出线到每户的熔断器或开关处。

(4) 由电表箱到各用户的线路可装熔断器或小型断路器，其最大允许电流且为电能表最大额定电流的1.5倍左右。

514. 电能表和用电信息采集终端安装有哪些要求?

答：电能表和用电信息采集终端应按下列要求安装：

（1）电能表、用电信息采集终端安装必须垂直牢固，安装时必须校对二次导线，要求电压回路为正相序，电流回路相位要正确。

（2）每一回路的电能表、用电信息采集终端应垂直或水平排列，端子标志要清晰正确。

（3）三相电能表间的最小距离应大于80mm，单相电能表间的最小距离应大于30mm。

（4）电能表、用电信息采集终端与周围壳体结构件之间的距离不应小于40mm。

（5）电能表、用电信息采集终端宜装在800～1800mm的高度（电能表水平中心线距地面尺寸）。

（6）电能表、用电信息采集终端中心线向各方向的倾斜不大于1°。

（7）金属外壳的电能表、用电信息采集终端装在非金属板上，外壳必须接地。

（8）用电信息采集终端安装应按图施工，用电信息采集终端与电能表间的485接口的连接必须一一对应，并将外接天线放置在信号较灵敏的位置。

515. 高压高计用户的电能计量装置现场安装应遵守哪些规定?

答：高压高计用户的电能计量装置现场安装应遵守下列规定：

（1）高压计量柜由施工单位根据设计图纸在装表前与其他配电设备一起安装，柜内电压、电流互感器可先于电能表安装。

(2) 互感器二次回路的连接导线应采用BV型铜芯线。对电流二次回路，连接导线截面积应按电流互感器的额定二次负荷计算确定，至少应不小于4mm^2。对电压二次回路，连接导线截面积应按允许的电压降计算确定，至少应不小于2.5mm^2。互感器二次回路应安装试验接线盒，便于实负荷校表和带电换表。互感器从输出端子直接接至试验接线盒和电能表，中间不得有任何辅助接点、接头或其他连接端子。

(3) 电压、电流回路导线均应加装与图纸相符的端子编号，导线排列顺序应按正相序（即黄、绿、红色线为自左向右或自上向下）排列。互感器二次回路应安装试验接线盒，便于现场校验和带电换表。

(4) 电能表安装时必须校对二次导线，要求电压回路为顺相序，电流回路相位要正确。电能表与试验接线盒的端子标志要清晰正确。

(5) 供电电压在35kV及以上的客户如采用户外配电时，贸易结算的电能计量装置，应有独立电流互感器，并在装表前与其他配电设备一起安装到位。

516. 电能计量装置现场调换工作应遵守哪些规定?

答：电能计量装置现场调换工作应遵守下列规定：

(1) 电能计量装置的调换工作小组至少应有2人。1人监护（工作负责人），1人工作，不得单人进行。

(2) 电能计量装置的调换工作前应核对换表客户的户号、户名、地址、局号、类型与《电能计量装接单》的数据是否一致，并在《电能计量装接单》上抄录换下电能表的示数（止度）。

(3) 对装有试验接线盒的电能表允许不停电调换电能表。但不准不停电调换试验接线盒、电流互感器、电压互感器、不准不停电更换互感器至试验接线盒的二次导线。如果不停电调换电能表，应在《电能计量装接单》上记录电能表停运时间及负荷。

(4) 进行带电调换计量装置时，工作时应使用绝缘工具并戴手套，遵守带电工作安全规定。在装有试验接线盒的计量箱（柜）内进行带电调换电能表时，应先在试验接线盒内逐相短接电流回路短接片；再逐相断开电压回路连接片。然后拆开电能表接线调换电能表。恢复接线时顺序相反。

(5) 需要停电工作的，应事先按停、送电的有关规定申请停电。

(6) 专线客户计量点在电业变电所的，停、复电作业由电业变电所的值班员操作。计量点在客户变电所的，停、复电作业由客户变电所的值班员操作。计量点在线路的资产分界点且电源开关（自落式熔断器）由电力部门管理的，应由电力部门派人停、复电。

(7) 电能表安装必须按图施工、接线正确；电气连接可靠、接触良好；配线横平竖直整齐美观；导线无损伤、线头无外露、绝缘良好。

(8) 电能表安装必须垂直牢固，表中心线向各方向的倾斜不大于1°。

(9) 调换工作开始前应检查电能计量装置的封印是否完好，接线是否正确。调换完成后，应对电能计量装置进行加封，并请用户在装接单上签字确认。

517. 低压电能表更换时有哪些作业程序?

答：低压电能表更换时的作业程序如下：

(1) 办理好《电能计量装接单》和工作票，到表库领取电表。

(2) 工作开始前，工作负责人向工作班成员交待安全措施和技术措施，并详细交代带电部位。

（3）停电前，核对被更换的电能计量装置客户的户号、户名、地址、局号、型号、规格是否正确。检查被更换的电能计量装置的封印是否齐全完好，同时抄录被更换电能表的抄度等数据，检查计量接线是否正确。

（4）拉开负荷总开关，断开表前断路器和隔离开关或取下表前熔断器或拉开配电变压器高压令克。

（5）按规定做好现场工作的安全技术措施。

（6）拆除被更换电能表接线端子的封印，打开端子，拆开电能表进出线并做好标记，再拆下电能表。

（7）悬挂更换的电能表，并按标记将二次线接入电能表。

（8）进行送电前的检查。

（9）拆除所采取的安全技术措施。

（10）合上表前的隔离开关与断路器或表前熔断器或配电变压器高压令克，再合上负荷总开关。

（11）进行带电检查和试验。

（12）抄录更换电能表的抄度等。

（13）按规定对电能计量装置进行加封。

（14）填写《电能计量装接单》上所列的内容，并请用户签字认可。

（15）回表库交还被更换的电能表，并将《电能计量装接单》存档。

518. 低压电能计量装置更换的安全注意事项有哪些？

答：低压电能计量装置更换的安全注意事项如下：

（1）电能表在运输过程中应做好防尘、防震、防水的措施。

（2）工作时应戴安全帽、穿绝缘鞋，做好安全措施。

（3）工作时应使用试验合格的绝缘工具，用电时应使用带剩余电流动作保护器的多用插座。

（4）更换电能表和互感器时，工作前应做好标记，安装时按标记恢复。更换电线时，应先拆电源侧，再拆负荷侧；恢复时，先装负荷侧，再接电源侧。

519. 如何进行计量二次回路的绝缘测试？

答：二次回路的绝缘测试是指测量绝缘电阻。绝缘电阻测量，采用500V绝缘电阻表进行测量，其绝缘电阻不应小于5MΩ。试验部位为：所有电流、电压回路对地；各相电压回路之间；电流回路与电压回路之间。二次回路的绝缘测试也是对二次回路接线是否正确的一种测试。

520. 高压电能表的更换工作流程如何进行？

答：高压电能表的更换按下列流程进行：

（1）办理工作票和《电能计量装接单》。

（2）现场检查电能计量装置封印是否齐全、完好。

（3）对原安装电能表进行检查，判断是否工作正常。

（4）抄录原电能表抄见度。

（5）短接计量试验接线盒中的电流连接片，应做到短接良好可靠。

（6）断开计量试验接线盒中的电压连接片，同时用万用表在电能表电压端钮处验电。

（7）拆除原电能表。

（8）安装新电能表。

（9）恢复计量试验接线盒中的电压连接片，观察电能表的状况。

（10）打开计量试验接线盒中的电流连接片，观察电能表的工作情况（注意电能表通入电流前后的变化），确认是否正常。

（11）对新装电能表进行现场校验。

（12）对电能计量装置的各个应加封印的部位加封。

（13）请用户在电能计量装接单上签字认可。

（14）返回单位后，应立即将装接信息及封印信息输入营销系统，将流程发至下一个岗位。

521. 高压电能表更换有哪些注意事项？

答：高压电能表更换有以下注意事项：

（1）更换的电能表准确度等级和规格应符合DL/T488—2000《电能计量装置技术管理规程》的规定，计量功能、通信功能等应满足用电信息采集系统、负荷控制系统的要求。

（2）电能表应经法定授权的计量检定机构检定合格。

（3）工作时应戴安全帽，穿绝缘鞋，站在绝缘垫上，使用合格的绝缘工具。

（4）严禁将电流回路开路，短路电流回路时，应使用短路片或短路线，严禁用导线缠绕。

（5）严禁将电压回路短路或接地，断开电压必须从端子排或计量试验接线盒处断开，并用万用表在电能表处验电。

（6）在电能表更换过程中，电气值班人员或电气负责人必须在工作现场，原电能表如有计量差错或损坏等问题，应经用户签字认可。

522. 计量装置安装完工后如何进行无电检查？

答：计量装置完工后，要进行竣工检查，以确保电能计量的准确性，无电检查内容如下：

（1）检查安装的电能表、互感器与电能计量装接单上所列的内容是否一致。

（2）检查互感器安装是否牢固，安全距离是否符合要求，螺丝是否旋紧，接触是否良好。

(3) 检查互感器一、二次极性是否正确，与计量试验接线盒、电能表的端钮及相别是否对应。

(4) 检查互感器、电能表的外壳是否接地。

(5) 检查电能表接线是否正确，端钮螺丝是否旋紧，线头应无外露，接触外壳等情况。

(6) 检查计量试验接线盒是否接线正确，短接片位置是否正确，螺丝是否旋紧，连接是否良好等。

(7) 使用万用表对所有电流、电压回路对地；各相电压回路之间；电流回路与电压回路之间进行检查，是否存在短路情况。

(8) 检查编号套编写是否正确，长短、书写方向是否一致。

(9) 检查导线捆扎带间距是否均等，捆扎方向是否一致，扎带尾线是否修剪平整。

(10) 检查所有封印是否完好，有无漏封现象。

(11) 检查有无工器具遗留在电气设备上。

523. 计量装置安装完工后如何进行带电检查?

答：计量装置完工后，无电检查无问题，应对电能计量装置进行送电，送电后应对计量装置进行带电检查。

(1) 观察电能计量装置工作是否正常。

(2) 用验电笔检查电能表相线、中性（零）线是否接线正确，外壳、零线上应无电压。

(3) 用万用表在电能表端钮盒内、计量试验接线盒内测量电压是否正常。

(4) 用相序表核对相序是否为正相序，对无功补偿装置进行投切来观察有功电能表和无功电能表的工作是否正常。

(5) 带负荷观察电能表工作情况，采用秒表法来核对有功电能表的准确性：

$$T_0=\frac{3600\times N}{CP}1000 \tag{8-1}$$

式中　T_0——应需时间，s；

N——电能表测试圈数或脉冲数；

C——电能表常数，r/kWh；

P——实际有功功率，W。

计算电能表的误差：

$$r=\frac{T_0-T_X}{T_X}\times 100\% \tag{8-2}$$

式中　T_0——应需时间，s；

T_X——实测时间，s；

r——电能表误差。

(6) 采用断中相检查法，在三相负荷对称的情况下，断开中相电压，电能表转速应慢一半。

(7) 采用相位伏安表进行检测，用六角图法核对计量接线的正确性。

(8) 必要时，可在计量试验接线盒上采用电能表现场校验仪进行校验。

(9) 对接线盖板、电能计量箱（柜）等进行加封。

(10) 对专变大用户，应在送电后的 1 个月内进行回访，针对电能计量装置进行检测，以确定是否运行正常。

524. 更换互感器后计量装置停电检查哪些内容?

答：更换互感器后计量装置停电检查的内容包括互感器变比和极性检查、三相电压互感器接线组别检查、二次接线回路导通和接线端子标识核对、电能表的接线检查等。

525. 电能表带电装（拆）标准化作业流程是怎样的?

答：电能表带电装（拆）标准化作业流程见表 8-2。

表 8-2　　电能表带电装（拆）标准化作业流程

1. 准备阶段	2. 作业阶段	3. 终结阶段
任务派工。明确工作任务、现场工作负责人（监护人），工作班成员	检查现场作业条件，按要求做好安全措施。逐项执行作业票的主要工作程序和现场安全措施	清理施工现场，告知客户电表起止度，取得用户签名
↓	↓	↓
领取电表，核对电表是否相符	按作业指导书的操作步骤进行装（拆）表作业操作	填写装接单人员全部撤离，工作人员确认签名
↓	↓	↓
学习作业指导书，进行安全教育和技术交底	检查安装是否符合施工工艺的要求和电能表运行状况	工作情况总结评价
↓		
工作负责人根据任务指派，开具带电作业票		
↓		
检查工作人员状况，检查安全和施工工器具和防护用品，交代工作任务和现场安全措施及危险点等		

526. 电能表带电装（拆）标准化作业应做好哪些危险点分析及安全控制措施？

答：危险点分析及安全控制措施具体见表 8-3。

表 8-3　　电能表带电装(拆)标准化作业危险点分析及安全控制措施

序号	工作内容	危险点	控制措施
1	作业前的准备工作	1. 未接任务派工即开始作业准备	严格执行派工制度

续表

序号	工作内容	危险点	控制措施
1	作业前的准备工作	2. 作业任务不清，危险点及控制措施告知不详尽	2.1 按有关规定编制规范的装拆作业技术措施、组织措施，并需组织参加作业人员结合现场实际认真学习。 2.2 带电安装作业，班组长要在作业前将人员的任务分工、危险点及控制措施予以详尽的交代
		3. 工作负责人（监护人）和工作班成员选派不当	3.1 选派的工作负责人（监护人）应有较强的责任心和安全意识，具备熟练地掌握所承担工作的安装项目和质量标准。 3.2 选派的工作班成员需能在工作负责人（监护人）指导下安全、保质地完成所承担的工作任务
		4. 安全工器具不齐、不合格、试验过期	4.1 注意工器具的日常补充。 4.2 定期对工器具进行检查养护。 4.3 定期进行工器具试验，不合格的及时淘汰
		5. 工作人员着装不规范	严肃劳保用品使用纪律
		6. 行车中发生交通事故，造成人员伤害	6.1 遵守交通规则，严禁酒后驾车。 6.2 工作负责人（监护人）负有交通安全责任，应协助驾驶员控制车速。 6.3 乘车人员严禁在车上打闹，严禁将头部、手伸出车外。 6.4 注意防止随身的工器具挤、砸伤乘车人员。严禁客货混装
2	实施作业阶段	1. 工作负责人未向工作班成员交代工作现场安全注意事项或措施不完备	1.1 工作负责人（监护人）应检查工作班成员着装是否整齐、符合要求。安全用具和劳保用品是否佩戴齐全。 1.2 实行“三交三查”，开好班前会。 1.3 工作班成员列队并面向工作地点，由工作负责人宣读，交代现场安全措施、带电部位、危险点预控和其他注意事项。

续表

序号	工作内容	危险点	控制措施
2	实施作业阶段	1. 工作负责人未向工作班成员交代工作现场安全注意事项或措施不完备	1.4 工作现场照明不足的情况下，必须增加使用合格安全的照明用具。 1.5 工作地点在人员或车辆过往较多会影响作业安全或会造成安全隐患时，必须使用围栏或有明显的标志划分作业场地
		2. 工作负责人（监护人）随意参与作业，违反工作监护制度	2.1 工作负责人（监护人）带领工作班成员进入现场。 2.2 严格履行监护制度，工作班人员监督。 2.3 工作负责人（监护人）不得兼做其他工作
		3. 违反现场作业纪律（高声喧哗、打闹、喝酒等）	3.1 工作负责人（监护人）需要及时提醒和制止影响作业人员注意力的言行。 3.2 工作负责人（监护人）需要注意观察工作班成员的精神状态和身体状态。必要时对作业人员进行调整。 3.3 严禁酒后上岗和在工作中吸烟
		4. 未严格执行作业票的步骤造成触电、短路伤害	4.1 确认验电笔能正常使用的情况下对表箱、开关、线路等验电。 4.2 工作时与其他带电体保持安全距离，必要时采取防误碰的绝缘隔板等措施。 4.3 穿着工作服和绝缘鞋，站于绝缘垫上。 4.4 必要时使用等电位保安线。 4.5 逐相拆、搭，不得同时接触两根以上导线接头。 4.6 安装拆换人员在工作过程中应有监护人监护，应精力集中，不得于他人闲谈；在改变拆装位置时应看清带电位置，并与其他带电设备保持足够的安全距离

续表

序号	工作内容	危险点	控制措施
2	实施作业阶段	5. 电弧灼伤	5.1 带电作业必须使用安全可靠的绝缘工器具（达到《安规》附录规定的标准）。 5.2 必须佩戴合格的劳保棉纱手套、穿着工作服和绝缘鞋，戴护目镜（达到《安规》附录规定的标准）。 5.3 带电部位必须要交代清楚，并做好必要的警示标志或记号。 5.4 对剥开带电点接头用绝缘胶带包扎，切实能起到保护作用，确实起到防止短路的要求
		6. 梯子摆放不平稳和与带电体的安全距离不够	6.1 工作时梯子牢固平稳的摆放，并有人扶持。 6.2 监护人必须时刻注意梯子上作业人员与带电体的安全距离
		7. 高处坠落	7.1 登高 2.0m 以上高处作业，应系好安全带，安全帽。 7.2 安全带要系在牢固的主材上。 7.3 登高前检查登高板，安全带是否牢固可靠
		8. 高处坠物伤人	8.1 用绳索传递工器具和材料。 8.2 工作人员戴好安全帽，防止上端掉落工器具，砸伤下方的工作人员
		9. 非工作需要的情况下，单人留在工作现场	除特殊的工作需要外，所有人员（包括工作负责人）不得单独留在作业现场
		10. 擅自变更现场安全措施	不得随意变更现场安全措施
		11. 工作不协调	如果几人同时进行工作时，需互相呼应，协同作业。工作中应设专人指挥，并明确指挥方式

续表

序号	工作内容	危险点	控制措施
3	作业结束、工作终结	1. 错误接线	工作结束后工作负责人（监护人）至少对接线情况进行两次检查接线，确保接线正确
		2. 人身触电、带负荷合闸	工作负责人（包括用户）的确认工作完毕，清理工作现场，所有工作人员已撤离，并与装接单核对无误后，方可按正确的操作步骤送电
		3. 工作现场脏乱、遗留物品	清点物品，认真检查工作现场，严格履行好终结清点物品制度，清理干净现场，人员安全撤离

527. 电能表带电装（拆）作业阶段的工作内容、步骤及工艺标准是什么？

答：电能表带电装（拆）作业阶段工作内容、步骤及工艺标准见表8-4。

表8-4 电能表带电装（拆）作业阶段工作内容、步骤及工艺标准

序号	作业内容	工艺标准	备注
1	事先联系用户，说明工作任务。工作负责人（监护人）和工作班成员携带装接单和带电作业票一起到达工作地点	尊重用户的意见，遵守用户处的规章制度。使用供电服务文明用语和行为规范	
2	互相检查是否按规定着装和防护用具是否合格，施工、安全工器具试验周期和外观是否合格	按规定着装，防护用具无破损。施工、安全工器具试验合格并在安全使用期内	
3	检查装接单地址、户名、户号、表计参数与现场情况是否相符	定位电能表的准确位置	若存在票面和现场的户号、电能表参数等不相符的，应暂时中止作业，返回调查清楚

续表

序号	作业内容	工艺标准	备　注
4	检查作业环境，确认是否需要增加隔离、登高和照明设施	电表位置较高时使用梯子；要求有专人扶持。登高离地超过 2.0m 时必须使用安全带。车辆来往密集时应使用围栏或隔离标志，需增加现场照明时使用低压应急灯	
5	工作负责人（监护人）根据任务，向工作班成员交代安全措施和危险点	告知带电部位和做好安全防范措施，对其他可能影响作业的操作位置，必须悬挂警示牌	
6	按电能计量安装作业票的内容进行现场教育和检查并将完成的项目在作业票上打勾	工作班成员确认签名。根据现场实际情况，作业票中没有提到的安全措施在补充安全措施一栏里填写	
7	检查电表箱的接地装置，确认验电笔能正常使用的情况下对金属表箱验电	目测检查金属表箱的接地极、导线和表箱的连接是否良好，电笔的氖管灯不亮，证明金属表箱无电	
8	如果发现金属表箱有电或金属表箱接地装置不可靠	应检查带电原因，排除带电缺陷后，方可进行作业	如现场不能排除金属表箱带电或接地装置缺陷，应终止电能表装接拆换作业，并通知相关部门进行设备消缺，消缺完成后方进行电能表的装接拆换作业

续表

序号	作业内容	工艺标准	备　注
9	打开表箱门检查电能表及接线，并记录原表计的止度，确认户号和局号，检查封印、外观、防窃电是否完好	封印完好、接线正常	如果检查发现电能计量装置运行异常，窃电或有明显违约迹象，应终止电能表装接拆换作业，保持或恢复原状，并通知相关部门处理
10	检查预装好的导线是否符合标准	预装好的导线规格符合要求，能方便电能表的安装和拆换	新装表有此步
11	由用户断开用户侧开关（预先通知用户），并观察电能表运行状态指示，确认已切除负荷	确定用户侧的负荷开关在拉开位置并挂上“禁止合闸”的警示标志，电子式电能表的指示灯停止闪动或熄灭；机械式电能表的转盘停转	拆换表有此步
12	打开电表封印；拆出电表接线	先拆相线，再拆零线。检查接线、电表接头是否因超容量使用痕迹	如果发现用户超容量使用痕迹明显，立即终止电能表装接拆换作业，保持或恢复原状，并通知相关部门处理
13	依次松开进线的相线接线端子螺丝，轻轻拔出导线并用绝缘胶带绑扎	依次用绝缘胶带包好导线接头，切实能起到保护作用	
14	依次松开出线的相线接线端子的螺丝，轻轻拔出导线并用绝缘胶带绑扎	依次用绝缘胶带包好导线接头，切实能起到保护作用	

续表

序号	作业内容	工艺标准	备　注
15	再松开进线的零线接线端子的螺丝，轻轻拔出导线并用绝缘胶带绑扎	依次用绝缘胶带包好导线接头，切实能起到保护作用	
16	松开出线的零线接线端子的螺丝，轻轻拔出导线并用绝缘胶带绑扎	依次用绝缘胶带包好导线接头，切实能起到保护作用	
17	松开电能表固定螺丝轻轻取下电能表，核对拆下电表和装接单标明的是否一致，用布擦干净	核对拆下电表和装接单标明的是否一致，放入运输箱内。箱内要有防震保护措施。 记录拆下电能表的读数	到这一步拆表销户任务直接转到终结阶段
18	检查待装电能表封印，防止非授权人员改变接线，是否损坏	电能表检定标记和检定证书，校准证书有效；输入数据或操作的措施完好	
19	把电能表牢牢地固定在表箱的底版上	安装完毕，用手推拉电能表，无松动现象并垂直于地面（尤其是在安装机械表时更注意）	
20	依次用绝缘工具剥开电源侧导线（进线）的线头；用验电笔测量鉴别相线和零线	用绝缘工具（如使用绝缘电工刀等，应戴棉纱手套）剥出导线的接头，要求整齐并方便安装。长度2～3cm。用验电笔接触导线时，验电笔的氖管灯亮的是相线，不亮的是零线。（★特别注意剥一个测量一个包扎一个，不得等全部剥好再进行包扎）	新装电能表有此项

续表

序号	作业内容	工艺标准	备　注
21	再用绝缘胶带按规定包扎，待用	绝缘胶带包好导线接头，切实能起到保护作用	新装电能表有此项
22	用螺丝刀松开电表接线端子盒盖螺丝，取下盒盖	根据电能表表盒接线图检查端子的排列	新装电能表有此项
23	确定用户侧开关（保安器）在拉开位置。依次把连接在开关的相线接到电表相线的出线端子上，再把连接到开关的零线连接到电表出线的零线端子上	相线用红线，零线要用黑线	
24	依次剥开预先分辨出的零线接头的胶带，把接头连接到电能表的零线进线端子上	接头连接要牢固，用手捏住零线的绝缘层，轻拉无松动现象	
25	依次剥开预先分辨出的相线接头的胶带，把接头连接到电能表的相线进线端子上	先接零线，再接相线接头连接要牢固，用手捏住导线的绝缘层，轻拉无松动现象	
26	检查整理导线并进行绑扎	导线排列应为横平、竖直、整齐、美观，导线应有良好的绝缘，中间不允许有接头	
27	检查整理完毕，盖上电能表接线端子的盒盖	确认接线正确，无错误接线	
28	通知用户准备送电。由用户合上用户侧开关（或保安器），检查电表运行状态	带负荷后，机械式电能表的转盘能正常转动或电子式的脉冲信号灯能闪烁	

续表

序号	作业内容	工艺标准	备注
29	用万用表和相序表测量表后线的电压和相序	1. 单相表测得的电压应在220V左右（+7%，−10%以内） 2. 三相表测得的线电压应在380V左右（±7%以内） 3. 安装三相电能表时需用相序表测量相序为正相序	
30	完成电表表盖、表箱门的封印工作	封印的螺丝以不可转出为准，封印用的铜线长短适中，确保封印起到防窃电的作用	

528. 电能表带电装（拆）作业终结阶段的工作内容和工艺标准有哪些？

答：电能表带电装（拆）作业终结阶段工作内容和工艺标准见表8-5。

表8-5 电能表带电装（拆）作业终结阶段工作内容和工艺标准

序号	作业内容	工艺标准
1	清理作业现场，告之客户电表起止度单，取得客户签名	作业现场不留有电线头、胶带等杂物，场地打扫清洁；客户在现场的，应请客户确认起止度，并签字，不在现场的应张贴书面告知书
2	工作负责人和工作班成员在装接单和作业票上签字，确认工作完毕	装接单和作业票，票面清洁，整齐，内容详尽
3	评价作业指导书的执行情况	对作业指导书是否符合工作实际，需要修改和完善之处进行评价

529. 电能表带电装（拆）作业票有哪些内容？

答：电能表带电装（拆）作业票主要内容有工作负责人、工作班成员、工作任务、工作时间、安全注意事项、现场作业流程等组成，如表 8-6 所示。

表 8-6　　电能表带电装（拆）作业票

NO：

单位		工作任务				
工作负责人签名：	工作班成员：					共　人
开始工作时间：　年　月　日　时至　年　月　日　时						
户号						
户名						
地点						
交代工作任务和现场安全措施						
告之工作危险点：触电伤害、电弧灼伤、高处坠落、高处坠物、损坏设备、人员摔伤、周边环境						
检查工作人员状况：精神状态、衣着、安全帽、安全带						
工作班成员签名						
现场作业程序（每项完结后由工作负责人打√）	1	2	3	4	5	6
1. 离地 2m 以上登高作业应系好安全带，梯子应有人扶持						
2. 检查金属表箱接地，确认良好						
3. 对金属表箱外壳验电，确认不带电						

续表

单位		工作任务				
工作负责人签名：	工作班成员： 共 人					
开始工作时间： 年 月 日 时至 年 月 日 时						
4. 检查用户侧开关已断开						
5. 交代保留带电部分						
6. 逐相拆开电源进、出相线，并用绝缘胶带包扎						
7. 逐相拆开绝缘胶带，逐一搭接电源进、出相线						
8. 检查接线是否正确						
9. 测量电压，测得的电压应在合格电压范围内						
10. 检查负荷侧开关合上，并观察电能表运行正常						
11. 清洁工作现场清点物品，工作终结安全撤离工作现场						
12. 其他补充安全措施：						
工作终结时间： 年 月 日 时， 工作负责人签名：						

作业票填写说明：（1）工作性质任务相同可列入同一张作业票。
（2）作业票由工作负责人填写。
（3）带电操作必须有 2 人进行。
（4）同一张作业票必须在同一天内使用。

530. 防止电能计量故障和计量差错的措施有哪些？

答：为减少电能计量故障和计量差错的发生，要做到及时应对处理，对造成电量差错的，按“四不放过”原则，认真分析调查，分清责任，提出防范措施。一般采取措施如下：

（1）推广使用质量好性能优的产品，及时淘汰使用年限长、技术性能差的产品。

（2）对电能计量装置进行全面封印，如计量箱、二次接线端子等。封印应采用高防伪反窃电封印。

（3）采用电能计量专用的电流、电压互感器。

（4）对安装的电能计量装置做好防雷措施。

（5）制定电能表修校工作标准，加强电能计量的质量监督。

（6）严格按工作标准做好计量装置的设计审查、安装、验收，防止出现互感器倍率差错等问题的发生。

（7）加强对电能计量二次回路的管理，防止任意接入、改动、停用电能计量二次回路的发生。

（8）安装用电现场监测装置，实时监测计量装置的运行状态。

（9）加强现场的检查和周期校验工作，及时发现电能计量装置运行故障。

第九章

新技术应用

第一节　用电信息采集系统

531. 什么是用电信息采集系统？

答：用电信息采集系统（又称负控系统、用电现场服务与管理系统）是集现代数字通信技术、计算机软硬件技术、用电异常智能判断告警技术、电能计量技术、电力负荷控制技术和电力营销技术为一体的用电需求侧综合性的实时信息采集与分析处理系统。它以移动通信网络为主要通信载体，以230MHz无线、公用电话网、光纤网等为辅助通信载体，通过多种通信方式实现系统主站和采集终端之间的数据通信，具有数据采集、远程抄表、用电异常信息报警、电能质量检测、线损分析、无功电压管理和负荷监控管理等功能，如图9-1所示。

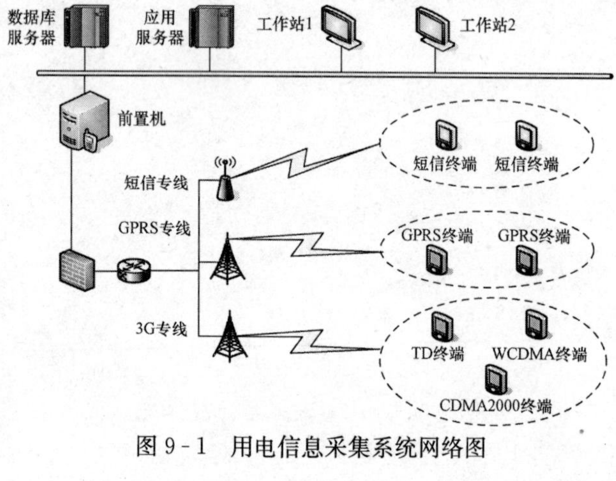

图9-1　用电信息采集系统网络图

532. 用电信息采集系统如何构成?

答：用电信息采集系统由主站软件、数据库服务器、通信前置机、通信网络和采集终端构成。主站软件包括：

（1）通信服务：主站软件通过通信服务和前置机通信，实现数据采集、命令下发、短信发布、功能设置、异常告警等功能。

（2）数据服务：主站软件通过数据库服务器保存数据、参数；以数据共享方式，对外提供历史数据、分析结果，或者从其他系统获取用户信息、设备信息等。

（3）应用服务：以应用程序接口方式，直接为外部系统提供短信订阅与退订、信息发布、数据查询、分析、统计等服务功能。

（4）核心功能：包括基本的设备管理功能、系统运行维护功能和有序用电、用电异常、合同用电、负荷分析、供电质量分析和其他的应用分析功能。

主站软件通过接口和营销信息系统、客户服务系统以及其他系统连接，实现数据共享，构成局内的完整信息管理系统的重要组成部分，如图 9－2 所示。

533. 什么是用电信息采集终端?

答：用电信息采集终端指安装在用电信息采集点的设备，用于电能表数据的采集、数据管理、数据双向传输以及转发或执行控制命令。用电信息采集终端按应用场所分为专变采集终端、公变采集终端、集中抄表终端（包括集中器、采集器）、分布式能源监控终端等类型。

534. 什么是厂站采集终端?

答：厂站采集终端是应用在发电厂和变电站的电能信息采集终端，可以实现电能表信息的采集、存储、处理和传输。厂站采集终端的安装方式有机架式和壁挂式两种。

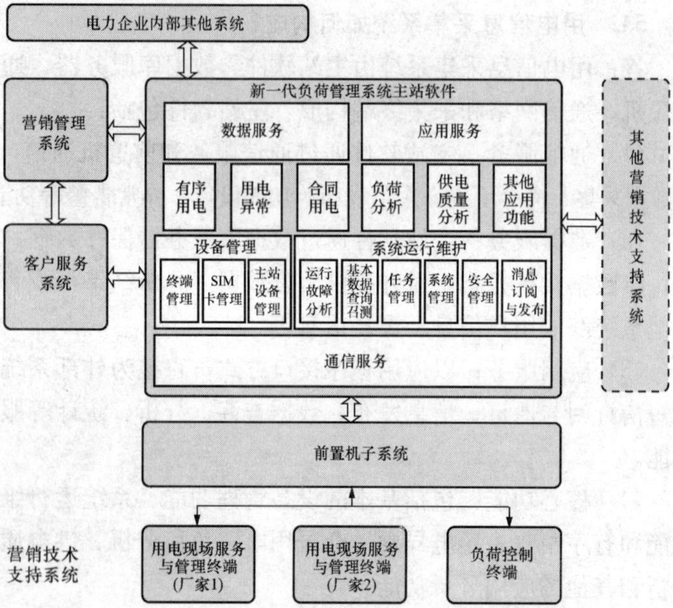

图 9-2　营销技术支持系统方框图

535. 什么是专变采集终端?

答：专变采集终端（又称专变采集器）是专变用户电能信息采集终端，实现对专变用户的电能信息采集，包括电能表数据采集、电能计量设备工况和供电电能质量监测，以及客户用电负荷和电能量的监控，并对采集数据进行管理和传输。

536. 什么是公变采集终端?

答：公变采集终端（又称公变采集器）是公用配电变压器综合监测终端，实现公变侧电能信息采集，包括电能量数据采集，配电变压器和开关运行状态监测，供电电能质量监测，并对采集的数据实现管理和远程传输。同时还可以集成计量、台区电压考核等功能。

537. 用电信息采集终端的如何配置?

答：根据《国网电网公司业扩供电方案编制导则》的规定：用电信息采集终端的配置所有电能计量点均应安装用电信息采集终端。根据应用场所的不同选配用电信息采集终端。对高压供电的客户配置专变采集终端，对低压供电的客户配置集中抄表终端，对有需要接入公共电网分布式能源系统的客户配置分布式能源监控终端。

538. 采集终端主要由哪几部分构成?

答：采集终端主要由通信部门、显示部分、电源、计量模块、主控制板等组成。

539. 采集终端的主要功能是什么?

答：采集终端的主要功能是采集用户的用电数据，执行主站下达的各项操作命令，是集远程监控、远程自动抄表，防窃电、电能计量核对等功能为一体的多功能终端。

540. 采集终端有哪些接线端子?

答：采集终端的接线应具备电流模拟量输入、开关信号量输入、控制信号输出、光电隔离输出等功能。

终端接线端子应包括：

（1）三相电压及零线电压端子。

（2）三相电流端子。

（3）开关信号量输入端子。

（4）RS-485 端子。

（5）RS-232 端子。

（6）独立控制输出触点。

541. 用电信息采集系统采集终端如何管理?

答：用电信息采集系统采集终端应等同于电能计量装置来

管理。采集终端的安装、调换与电能计量设备的安装、调换流程相同，同时应加强对终端的运行维护工作，确保系统的正常运行。

542. 用电信息采集系统采集终端有哪些常见故障?

答：用电信息采集系统采集终端常见的故障有通信模块故障、硬件故障和接线错误三种。具体处理方法如下：

(1) 通信模块故障。出现与上级主站无法联系，采集终端屏幕上显示无信号等情况。有些终端因为其通信模块是独立的，只须更换通信模块即可，而有的终端则必须调换整块控制板；对于终端信号不良的情况，一般可采用外置天线替代内置天线的办法来解决。

(2) 硬件故障。由于采集终端内部元器件的质量问题造成采集终端故障，出现数据无法传送、采集、液晶显示不正常等，一般只能更换采集终端。

(3) 接线错误。出现采集终端与电能表的 RS-485 数据通信不成功、计量接线错误等情况。出现 RS-485 故障有两种可能：一是 RS-485 接线接触不良、接错或接反，需要重新接线；二是电能表的 RS-485 输出不正常，这就必须调换表计。计量接线差错可通过现场检查来更正。

543. 采集终端安装应注意哪些安全事项?

答：采集终端的安装主要是终端的固定、遥控、遥测、遥信线的敷设和连接。采集终端在安装中要注意以下事项：

(1) 按终端接线盖板上的接线图所示进行安装，防止错接线的发生。

(2) RS-485 接口线路要防止接反或接错到其他端口。

(3) 接电前应对所有连接线进行检查正确无误后方可进行。

(4) 做好保证安全的组织技术措施。

544. 采集终端如何进行调试？

答：采集终端的调试：首先是上电后查看屏幕上显示的各项参数（电压、电流、相序、功率等）是否正常，内部自检是否正常，通信强度是否正常等；其次利用主站对测试通信是否成功，远程实时抄表是否成功，表地址设置是否正确。

545. 利用用电信息采集系统可为电力客户提供哪些服务？

答：利用用电信息采集系统可为客户提供的服务有：

（1）为客户提供超负荷用电报警。当用电信息采集系统报警负荷过载、三相电流不平衡时，及时告知客户，建议进行减负荷运行、增容配电变压器或平衡三相电流，防止配电变压器超载烧毁，确保安全、经济运行。

（2）帮助客户分析尖、峰、谷各时段的用电情况，促进客户更好的规划和合理安排生产，充分利用低谷电力，节省生产成本支出，同时也促进电力需求侧管理，实现电力负荷的削峰填谷。

（3）为客户把好无功补偿关。对无功欠补偿和过补偿进行报警，促使客户对无功补偿装置进行合理配置与投切，节约电能，避免因无功补偿不到位而多缴力调电费。

（4）借助系统显示的断电、断相等报警信息，协助客户检查生产异常情况，帮助及时修复故障。

（5）对客户侧的电能质量进行监测，准确提供三相电压、电流以及谐波的变化值，以便采取相应措施提高电能质量，延长用电设备的使用年限。

通过用电信息采集系统的设置，系统可以自动向客户指定的手机发送以上信息，共享这些数据。需要注意的是，在发送信息前应该由管理人员进行鉴别，剔除无用和重复的数据，有选择的发送或电话告知。对于重要的用电异常提示信息，则应指派电力服务人员到达用电现场进行查看、指导和帮助，把服务的科技化和人性化融合一体。为用户提供个性化、多样化的服务，提高用户的满意度，改善和密切用户关系。

546. 用电信息采集系统监测的异常信息报警分哪几类?

答：用电信息采集系统监测的异常信息报警分计量相关异常、用电质量相关异常、负荷控制相关异常和终端运行异常等四大类。

547. 如何分析处理用电信息采集系统中的异常信息报警?

答：用电信息采集系统中异常报警一般按以下步骤去分析处理：

(1) 利用主站对采集终端和电能表进行实时抄表，掌握电能表和采集终端的实时数据。

(2) 对比系统中的历史数据和当前实时数据，判断是否存在误报的情况（而对偶尔出现的异常上报至恢复时间较短的报警信息基本上可以认定为误报）。

(3) 对比管理系统报警前后的两组数据，若两者相差较大，现场可能确属异常。

(4) 对所取得的数据进行理论计算和推导，结合实际工作经验来判断现场可能存在的异常情况。

(5) 派专人前往现场查证和处理。

548. 用电信息采集系统通过采集终端可采集哪些类型的数据?

答：数据采集主要指通过采集终端采集用户的用电数据，并将这些数据上传至主站，进行数据分析、统计。采集终端采集的数据类型如下：

(1) 脉冲数据。通过采集电能表的脉冲输出，计算出用户的用电数据。

(2) RS-485数据。通过采集电能表的RS-485端口输出数据，计算用户的用电数据。

（3）遥信数据。通过采集用户开关的辅助触点来判断用户开关的状态。

（4）交流采样数据。通过采集用户三相电压、电流、功率及相关数据，进行各种用电异常情况的判断。

（5）终端运行数据。记录终端运行的各种数据。

549. 用电信息采集系统可查询和召测哪些数据?

答：（1）历史数据查询与召测。用电信息采集系统可以通过选择时间范围、用户、查询内容来查询日负荷曲线、月负荷曲线、年负荷曲线、日电压曲线、日电流曲线等；查询电压合格率、日电量、告警记录等。

（2）可以实时进行数据召测：当前电压、电流、有功功率、无功功率、异常告警记录、开关状态、终端状态参数等。

550. 用电信息采集系统的负荷监控功能如何实现?

答：用电信息采集系统的负荷监控功能是根据事先编制好的控制方案自动或人工地执行对特定用户轮次开关的控制。方案可按用户所在线路、所属区域、用户轮修日、容量等级、受电电压等多种属性编制，用电紧张时可按企业轮休方案进行设置。

（1）负荷限值设定：通过各种负荷定值设定用户和系统负荷。用户端根据各种定值实行当地闭环控制，并可调整各种闭环控制参数。通过对用户或对某个轮次控制功能的投入或解除决定控制与否和控制次序。

（2）负荷监控：自动采集全天一定间隔的定点负荷（一般为15min），提供系统或按线路、行业等各种属性的分类负荷曲线，提供用户的实时用电参数如最大需量，最大负荷及其发生时刻、用户的超负荷跳闸记录等。

（3）现场安装控制线来实现终端对负荷开关的控制功能，

从而实现对用户停限电。

551. 用电信息采集系统的负荷监控功能对用电负荷管理的作用是什么？

答：用电信息采集系统的负荷监控功能对用电负荷管理的作用如下：

（1）可实现限电不拉路的作用，尽量保证重要用户和灯峰照明的用电。

（2）组织有效的机动负荷，达到关键时刻用得上、限得下尽量减少用户的经济损失。

（3）做到限电到户，有选择的控制用户用电，起到削峰填谷的作用。

（4）为错峰用电的执行提供了必要的技术手段，特别是对错峰的执行效果有了科学的数据依据。

552. 什么是用电信息采集系统的远程自动抄表功能？

答：用电信息采集系统的远程自动抄表功能是：通过用电信息采集系统终端，应用RS-485接口规约，冻结电能表0点各项电量数据（或设定时间的电量数据），由现场电力负荷管理终端每天上送至主站，实现远方自动抄表。

远程自动抄表功能解决了人工抄表所带来的错抄、估抄、漏抄等问题，提高了劳动生产率，并为缩短抄表周期，加快电费回收奠定了基础。

553. 什么是用电信息采集系统的反窃电功能？

答：用电信息采集系统的反窃电功能，主要是系统运用模拟量、交流采样和脉冲量的功率对比、数据对比，或直接发送窃电信息，达到防窃电的功能。实际工作中，很难直接判断客户是否窃电，只能对报警信息中疑似窃电的信息，由专业人员进行认真的分析鉴别，判断是否存在窃电的可能，然后再到现场查证确认。

554. 什么是用电信息采集系统的预购电功能?

答：用电信息采集系统的预购电功能是：通过用电信息采集系统的电量控功能，对用户实行先付款后用电。用户事先向供电企业缴纳的电费转换成电量发到终端，作为定值，对该用户实行电量控。当用户用电量小于购电量告警值时终端报警，提醒值班人员密切注视该用户的用电情况，并通知用户电量即将用完，及时续费，以免跳闸断电。

555. 什么是用电信息采集系统的谐波监测功能?

答：用电信息采集系统的谐波监测功能是指采集终端通过交流采样对用户的高次谐波进行实时检测，把超标的高次谐波数据记录在终端，定时上送至主站后存在数据库中，备查询使用。也可通过谐波监测表计，记录谐波超标数据，再通过RS-485 接口，把数据抄回保存到主站数据库。通过对这些数据的分析，为及时消除谐波污染提供科学分析的依据。

556. 什么是用电信息采集系统的电压质量监测功能?

答：电压质量监测功能是通过对电压监测点的电压数据采集，以及对数据的分析、统计，提供一系列电压监测数据。用电信息采集系统的采集终端可以设置电压上限值和电压上限值，每分钟对用户的电压进行监测，记录终端的过压时间、欠压时间和各时间的电压值，从而计算出电压合格率。

557. 用电信息采集系统的计量异常报警功能如何实现?

答：用电信息采集系统通过对表计的实时数据和历史数据的分析判断，能及时发现表计故障，并提供退补电量的科学依据。

（1）通过脉冲量功率和模拟量功率（交流采样功率）的比较，判断表计计量是否异常。

（2）通过 RS-485 接口数据的电量和脉冲电量功率的比较，

判断表计本身是否有故障。

(3) 通过对每日抄表数据的分析判断，可发现停走、倒走的表计。

(4) 通过对三相电流、电压、有功功率、无功功率等数据的分析来判断是否存在计量接线错误等问题。

(5) 利用报警信息来分析是否存在计量异常情况（如缺相、相序反等）。

第二节　居民用电信息采集系统

558. 什么是居民用电信息采集系统?

答：居民用电信息采集系统是指由主站通过传输媒体（无线、有线、电力线载波等信道或IC卡等介质）对多个电能表电能量的记录（窗口值）信息自动抄读的系统。该系统主要由采集电能量信息的采集器（或模块、载波表等）、集中器、通信通道和系统主站等组成。集中器中的电量数据可以通过各种通信通道传送至主站，集中接收后数据上装到电费计算系统中。

559. 居民用电信息采集系统有哪些主要用途?

答：居民用电信息采集系统的主要用途如下：

(1) 提高抄表的工作效率。随着城乡电网的改造，居民实行一户一表，社会经济的发展，电力企业管理的用户数、电表数急剧增加，应用自动居民用电信息采集系统是减少增效的最好选择，同时也解决了传统人工抄表方式效率低下，抄表质量差，到位率低等问题，大大降低了人工上门抄表的误差，缩短了抄表的时间周期。

(2) 解决抄表难的问题。新建居民小区、高档住宅都实行封闭管理，还有一些电表安装位置不对等都是人工抄表的难题，实行集中抄表可以解决这个问题。

（3）提高供电企业的管理水平。实时采集用户的电能量数据是现代供电企业营销管理现代化的重要内容。对实时数据的采集、分析、处理，可以完成电费的结算和线损的实时分析，为电力需求侧管理提供科学的依据。

（4）提高用电现场监测能力。居民用电信息采集系统可实时监测用户的用电情况，及时发现用电异常情况和计量异常情况。

560. 居民用电信息采集系统主站有哪些功能？

答：居民用电信息采集系统的主要功能如下：

（1）抄收功能：按设定抄收间隔以及抄表周期（当地电力部门规定的自动抄表时间）自动抄收集中器中的各用户电能表的累计电能量及其他信息，并具有实时随机召读及按地址选抄功能。

（2）设置功能：设置设备初始参数，即可对集中器设备自动抄表周期、抄收间隔、抄读间隔等，并有防止非授权人员操作的措施。

（3）校时功能：可实现系统校时。

（4）自诊断功能：可自动进行系统自检，发现设备（包括通信）异常应有记录和报警。

（5）扩展功能：可发布冻结命令，实现指定时间电能表累计电能量的冻结。

561. 什么是居民用电信息采集系统主站？

答：主站是指通过信道对集中器、采集器中的信息采集，并进行处理和管理的设备。

562. 什么是主站抄收间隔？

答：主站抄收间隔是指主站定时抄收集中器中信息的周期时间，简称为抄收间隔。

563. 什么是集中器抄读间隔?

答：集中器抄读间隔是指集中器定时抄读采集器（或采集模块）中用户电能表电能量信息的周期时间，简称为抄读间隔。

564. 什么是采集模块?

答：采集模块是指用于采集单个用户电能表电能量信息，并将它处理后通过信道将数据传送到上一级设备（中继器或集中器）的专用模块。

565. 什么是采集器?

答：采集器指用于采集多个用户电能表电能量信息，并经处理后通过信道将数据传送到系统上一级（中继器或集中器）的设备。采集器依据功能可分为基本型采集器和简易型采集器。基本型采集器抄收和暂存电能表数据，并根据集中器的命令将储存的数据上传给集中器。简易型采集器直接转发低压集中器与电能表间的命令和数据。

566. 什么是集中器?

答：集中器是指收集各采集器或采集模块（或多功能电能表）的数据，并进行处理储存，同时能和主站或手持单元进行数据交换的设备。

567. 什么是信道?

答：信道是指信号（数据）传输的媒体，如无线电波、电力线、电话线等。集中器、采集器等设备的信道有上行信道和下行信道。集中器的上行信道是指集中器和主站之间的信道，下行信道是指集中器和采集器（或采集模块）之间的信道。采集器（或采集模块）的上行信道是指采集器（或采集模块）和集中器之间的信道，下行信道一般是指采集器和用户电能表之间的信道。

568. 居民用电信息采集系统如何构成?

答：居民用电信息采集系统由采集器、集中器、通信网络、主站等组成。采集器通过电表脉冲输出端口采集脉冲信号或从 RS-485 通信接口取得表计度数；集中器通过电力线载波、RS-485 总线、宽带网等方式从采集器接收数据，主站通过公用电话网、GPRS、CDMA、高压载波、电信宽带、有线电视等方式从集中器读取抄表结果。当集中器较多时，各集中器之间可通过 RS-485 线或小无线电台来实现跨台区通信，一个主站可同时采集多个集中器的抄表数据，如图 9－3 所示。

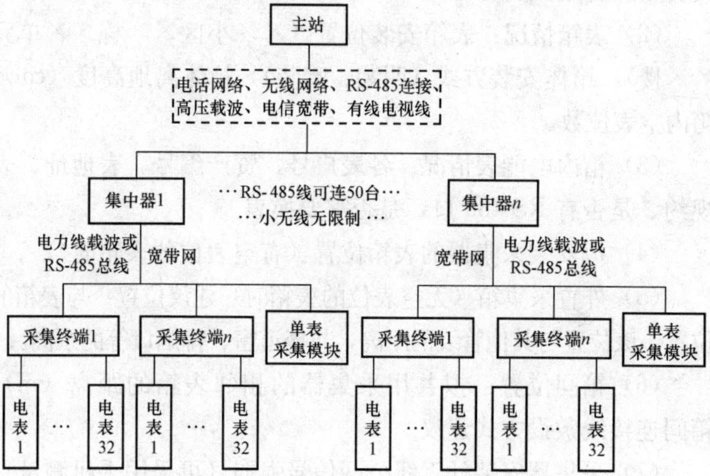

图 9－3　居民用电信息采集系统结构方框图

目前，还有一种针对城市居民采用的采集信息方式，即采集器通过电表 RS-485 通信接口取得表计度数，直接向主站发送电能量信息。这种方式的好处是通信可靠，减少了中间环节；缺点是费用较高，建设难度较大。

569. 用 RS-485 端口采集电能表数据有什么优点?

答：使用 RS-485 端口的优点是数据正确率高，不会发生出现采用脉冲累加方式时的脉冲信号丢失等情况，通信成功率接近 100%；同时采用 RS-485 总线方式每条双绞线最多可带 256 块电能表。

570. 现场安装采集器前应如何查勘?

答：现场查勘以拟装设采集器的小区为单位进行，现场查勘应包括以下内容：

(1) 查勘基本信息：查勘的台区及编号、查勘日期、查勘负责人及查勘人员。

(2) 表箱情况：表箱安装位置（××小区××栋××单元××楼），箱体安装方式（明装、暗装），箱体离地高度（cm），箱内空表位数。

(3) 箱内电能表情况：各表户号、资产编号、表地址、表规约、是否有 RS-485 口，是否需要换表。

(4) 拟安装采集器的表箱位置（有空表位的表箱时）。

(5) 外置采集箱（无空表位的表箱时）建议位置：与表箱的位置、该位置与其他管线的距离，与楼道窗、排烟口等的距离。

(6) 箱间位置：拟共用采集器的相邻表箱的距离（m），箱间连接线敷设方式建议。

(7) 采集器安装处无线公网信号强弱（可采用手机测量）。

(8) 表箱接地情况：有无接地，接地电阻大小。

(9) 需要停电的范围。

(10) 保留的带电范围。

(11) 作业现场的条件、环境及其他危险点。

(12) 应采取的安全措施。

现场查勘人员应在查勘时确定拟安装采集器的位置，共用采集器的表箱情况及箱间位置，如果表箱没有空位，应确定采集箱安装的位置，并根据上述查勘内容填写查勘单。查勘时应注意安全，严格遵守《电力安全工作规程》。

571. RS-485 端口电表箱内连接有哪些工艺要求?

答：RS-485 端口箱内连接有下列要求：

（1）导线材料。优先选用 BV-0.3 的两根单线绞合作为 RS-485口连接线，也可选用同类单芯双绞线，特征阻抗 120Ω。采用两根单线绞合时，节距长度宜为 10cm。绞线弯曲半径不小于线芯直径的 20 倍。

（2）安装工艺。

总线结构：所有电表和采集器的 RS-485 口采用串接方式，不得采用星形连接或分叉连接。

与电表 RS-485 口接线端子的连接：除末端表外，连接其余电表时，剥去合适的绝缘长度后，线芯导体绞接后与对应的端子连接。

绞线的固定：采用 BV 线时，可利用导线自身的强度在布线时整理成型；采用双绞线时，应采用合适的方式将绞线固定在表箱底板。绞线应尽可能远离电表进出线，以减少电源进出线对通信的干扰。

572. RS-485 端口电表箱间连接有哪些工艺要求?

答：RS-485 端口电表箱间连接有下列要求：

（1）导线材料。箱间的 RS-485 口连接线选用带护套、屏蔽层的双绞线，线芯导体截面不宜小于 $0.5mm^2$，特征阻抗 120Ω，屏蔽层应单端可靠接地。导线应符合户外布线防护要求。

（2）安装工艺。需箱间连接的表箱，应在靠近绞线出口的表箱内壁安装 4 位端子排，用于表箱内外通信线路的连接。

敷设方式：可采用穿管、线槽、钢索、利用弱电井等方式。

双绞线的长度不宜超过 50m，不得超过 100m。不宜跨楼连接。

采用穿管、线槽、钢索方式时应参照《低压配电设计规范》（GB 50054—1995）的规定，并不得与强电线路合管、合槽敷设，与地面的最小距离不小于 2.7m，与绝缘电力线路的距离应不小于 0.1m，及其他弱电线路应有有效的分隔措施，如图 9－4 所示。

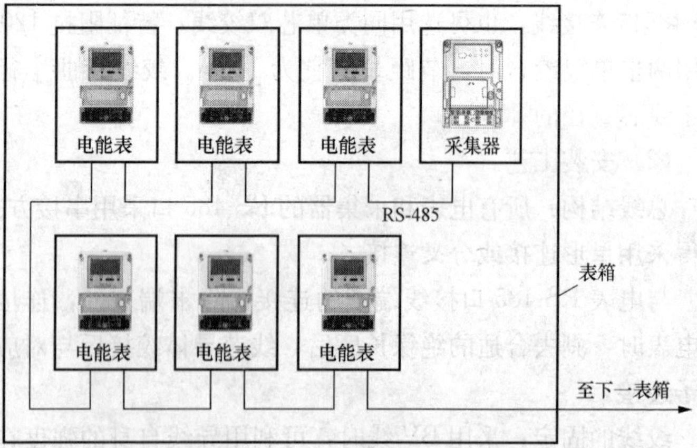

图 9－4　RS-485 端口电表箱间连接示意图

利用弱电井方式敷设时，应在不影响原有弱电线路的情况下，根据现场情况采用合适的固定方式敷设。

573. 采集器的安装有哪些要求?

答：采集器的安装要求如下：

（1）表箱内安装。安装箱体应有观察窗口便于红外调试设备和单元数据采集。采集器的安装位置应避免影响其他设备的操作。

（2）外置采集箱安装。当表箱内无法安装时，应在表箱附近加装外置采集箱。采集箱安装位置应根据周边环境，采用合适的方式固定于墙面。安装位置应避开烟道出风口，有利于无线通信，便于维护检查。对于明装表箱，采集箱安装位置应尽量靠近表箱；对于暗装表箱，采集箱安装如无法采用暗装时，箱底离地面或台阶的垂直距离不小于2.5m。

采集箱内应有足够的空间安装采集器、熔断器、端子排、天线等必需器件。

采集器电源应通过熔断器与表箱进线开关下桩头连接，电源线宜采用BV-1.5导线穿管敷设。熔断器安装在采集箱内且平直牢固。采集器与表箱之间的RS-485端口连接线选用带护套、屏蔽层的双绞线，线芯导体截面不宜小于0.5mm^2，特征阻抗120Ω。导线应符合户外布线防护要求。

574. 采集器现场施工结束后应检查什么？

答：现场施工结束后应检查下列内容：

(1) 采集器安装施工应满足工艺质量的要求，整齐、美观并与电表进出线保持足够的距离。

(2) 安装完成后应逐个检查各个接线端子，确保连接可靠牢固。

(3) 采集器无电检查完成后，应进行通信调试。安装人员在获得系统收发成功的信号后方可离开。

575. 居民用电信息采集系统有哪些技术性能要求？

答：居民用电信息采集系统应具备下列技术要求：

(1) 系统精度。应满足各类用户电能计量精度的要求。

(2) 系统的可靠性。系统应具有较高的可靠性，正常情况下一次抄表成功率在95%以上，供电企业接收数据的准确率达到100%。

(3) 系统的实时性。应能迅速读取某一时间各电能表电量等实时数据，并可定时上报或读取保存在电能表中的各种电能量数据和各时段的数据。

(4) 系统的开放性。系统应采用国家统一标准的通信规约，采用通用的操作系统和商用数据库系统，方便今后系统的扩展和数据共享。

（5）系统的安全性。系统应具备高度的安全性。具备数据备份、操作人员权限设置、操作日志、流程化作业等功能，硬件应具有抗电磁干扰、频率波动、瞬态浪涌等功能。

576. 与居民用电信息采集系统配套的有哪些电能表？

答：与居民用电信息采集系统配套的电能表有：网络电能表、电子式载波电能表、三相全电子多功能电能表、单相全电子多功能电能表、智能表等。传统的机械表因不具备通信功能，无法与居民用电信息采集系统配套。

577. 集中器有哪些功能？

答：集中器具有下列功能：

（1）数据采集、处理及储存。根据设定的抄读间隔自动采集各用户电能表的累计电能量，并根据设定的抄收间隔及抄表周期自动生成各用户电能表的累计电能量至少保存两个抄表周期、两个抄收间隔和两个抄读间隔的各用户电能表的累计电能量数据。

（2）设置功能。设置初始参数、抄读间隔及自动抄表日，并有防止非授权人员操作的功能。

（3）校时功能。集中器具有计时单元可被系统校时，计时单元的日计时误差$\leqslant \pm 5s/d$。

（4）通信功能。具有当地通信及与各采集器（或采集模块）和上一级集中器或主站远方通信的功能。与主站的通信接口符合相关标准。

（5）自诊断和异常信息记录功能。可自动进行自检，发现设备（包括通信）异常具有记录和报警功能。

（6）扩展功能。可发布冻结命令，实现指定时间电能表累计电能量的冻结。

578. 集中器安装要求是什么?

答：集中器以配变台区为单位，一台配变安装一个集中器。集中器应安装在配变计量箱（柜）内。

579. 什么是智能电能表?

答：智能电能表是指由测量单元、数据处理单元、通信单元等组成，具有电能量计量、信息存储及处理、实时监测、自动控制、信息交互等功能的电能表。

580. 什么是智能电能表组合电量?

答：智能电能表具有正向、反向有功电能量和四象限无功计量功能，并可以据此设置组合有功和组合无功电量。

581. 什么是智能电能表的测量参数?

答：（1）智能电能表可以测量总及各分相有功功率、无功功率、功率因数、分相电压、分相电流（含零线）、频率等运行参数。

（2）测量误差（引用误差）不超过±1%。

582. 如何进行智能电能表配置?

答：电能表按有功电能计量准确度等级可分为：0.2S、0.5S、1、2四个等级。根据安装环境不同，推荐使用电能表类型如表9-1所示。

表9-1　不同安装环境电能表的适用类型

<table>
<tr><th>安装环境</th><th>电能表适用类型（推荐）</th></tr>
<tr><td>关口</td><td rowspan="2">0.2S级三相智能电能表、0.5S级三相智能电能表、1级三相智能电能表</td></tr>
<tr><td>100kVA及以上专变用户</td></tr>
<tr><td>100kVA以下专变用户</td><td>0.5S级三相费控智能电能表（无线）、1级三相费控智能电能表、1级三相费控智能电能表（无线）</td></tr>
</table>

续表

安装环境	电能表适用类型（推荐）
公变下三相用户	1级三相费控智能电能表、1级三相费控智能电能表（载波）、1级三相费控智能电能表（无线）
公变下单相用户	2级单相本地费控智能电能表、2级单相本地费控智能电能表（载波） 2级单相远程费控智能电能表、2级单相远程费控智能电能表（载波）

583. 什么是智能电能表的费控功能？

答：智能电能表的费控功能包括以下几方面：

（1）当剩余金额小于或等于设定的报警金额时，电能表应能以声、光或其他方式提醒用户；透支金额应实时记录，当透支金额低于设定的透支门限金额时，电能表应发出断电信号，控制负荷开关中断供电；当电能表接收到有效的续交电费信息后，应首先扣除透支金额，当剩余金额大于设定值（默认为零）时，方可通过远程或本地方式使电能表处于允许合闸状态，由人工本地恢复供电。

（2）剩余金额不能超过设计允许的电能表最大储值金额；最大储值金额由电能表显示位数决定。

（3）电能表的预存电费金额应能与表内的剩余金额进行准确叠加。

（4）完成电费预存后，电能表应能将剩余金额、电能表用电参数等信息，按照不同的费控方式返写至固态介质或通过虚拟介质传回售电系统。

（5）电能表不应接受使用非指定介质输入购电金额等信息。

（6）若用户遗失CPU卡或射频卡，通过一定的补遗程序可获得补发的新卡；电能表应接受补发的CPU卡或射频卡，并拒绝原卡继续使用。

(7) 当使用非指定介质或进行非法操作时，电能表应能进行有效防护；在非指定介质或非法操作撤销后，电能表应能正常工作且数据不丢失。

(8) 购电卡插入电能表后3s内，应完成相应的读写操作。

(9) 可通过固态介质对电能表内的用电参数进行设置，除用户购电信息外的其他用电参数设置应通过编程开关和密码验证使电能表处于编程允许状态方可进行。

(10) 在保证安全的情况下，可通过虚拟介质对电能表内的用电参数进行设置；不提倡通过载波通信信道实现费率时段表、电价方案等用电参数的远程预置。

584. 智能电能表如何实现费控功能?

答：费控功能的实现分为本地和远程两种方式；本地方式通过CPU卡、射频卡等固态介质实现；远程方式通过公网、载波等虚拟介质和远程售电系统实现。

585. 什么是RS-485通信?

答：RS-485是典型的串行通信标准，它们定义了电压、阻抗等，但不对软件协议给予定义。RS-485的电气特性：逻辑“1”以两线间的电压差为+2～+6V表示；逻辑“0”以两线间的电压差为-2～-6V表示，且该电平与TTL电平兼容，可方便地与TTL电路连接。

RS-485有两线制和四线制两种接线，四线制是全双工通信方式，智能表采用两线制是半双工通信方式。

586. 什么是数据传输规约?

答：数据传输规约是通信收发双方必须遵守相同的协议。只有共同遵守传输规约数据报才能互相识别。DL/T 645—2007《多功能电能表通信协议》，是多功能电能表数据交换的规约。

第十章

电能计量同业对标

第一节 电能计量评价指标

587. 电能计量同业对标主要有哪些指标?

答：电能计量同业对标指标主要有：电能表轮换率、电能表现场周期检验率、结算关口周期检验率、计量故障差错率、计量故障处理平均时限等。

588. 如何计算电能表轮换率?

答：电能表轮换率是考核周期性轮换的完成程度，如式(10-1)所示。

$$\text{电能表轮换率} = \frac{\text{实际轮换数}}{\text{按规定周期应轮换数}} \times 100\% \quad (10-1)$$

589. 如何计算电能表现场周期检验率?

答：电能表现场周期检验率是考核周期性轮校工作的完成程度，如式(10-2)所示。

$$\text{电能表现场周期检验率} = \frac{\text{实际现场周期检验数}}{\text{按规定周期应检验数}} \times 100\% \quad (10-2)$$

590. 如何计算结算关口周期检验率?

答：结算关口周期检验率是综合评价各单位在结算关口电能表、互感器的周期检验情况和结算关口电压互感器二次回路压降测试情况，如式(10-3)所示。

$$\text{结算关口周期检验率} = \frac{\text{实际现场周期检验率}}{\text{按规定周期应检验率}} \times 100\% \quad (10-3)$$

注：结算关口包括电厂上网关口以及趸售关口。

591. 如何计算计量故障差错率？

答：计量故障差错率是评价计量装置运行情况的指标，如式（10-4）所示。

$$\text{计量故障差错率} = \frac{\text{实际发生故障差错次数}}{\text{运行电能表、互感器总数}} \times 100\% \quad (10-4)$$

592. 如何计算计量故障处理平均时限？

答：计量故障处理平均时限是评价计量故障处理工作效率的指标，如式（10-5）所示。

$$\text{计量故障处理平均时限} = \frac{\text{计量故障处理总时长(天数)}}{\text{计量故障总数}} \quad (10-5)$$

注：表计故障处理天数按照换表日期至确定鉴定结论日期计算。

第二节　用电信息采集系统评价指标

593. 用电信息采集系统主要有哪些同业对标指标？

答：用电信息采集系统同业对标指标主要有：专变终端安装率、数据完整率、终端故障处理平均时限、终端故障率、终端远程抄表结算应用率、平均异常处理时限、有序用电用电负荷控制率等。

594. 如何计算专变终端安装率？

答：专变终端安装率考核已安装专变终端的用户占应安装专变终端用户的比例，如式（10-6）所示。

$$\text{专变终端安装率} = \frac{\text{已装专变终端的用户数}}{\text{应安装专变终端的用户数}} \times 100\% \quad (10-6)$$

595. 如何计算数据完整率？

答：数据完整率考核采集成功的数据点数占应采集数据点数的比例，如式（10-7）所示。

$$\text{专变终端数据采集完整率}=\frac{\text{实际采集数据点数}}{\text{应采集数据点数}}\times 100\% \quad (10-7)$$

596. 如何计算终端故障处理平均时限？

答：终端故障处理平均时限考核故障终端处理平均天数，如式（10-8）所示。

$$\text{终端故障处理平均时限}=\frac{\text{终端故障处理总时长(天数)}}{\text{终端故障数量}}\times 100\% \quad (10-8)$$

597. 如何计算终端故障率？

答：终端故障率考核故障终端占已投运终端的比例，如式（10-9）所示。

$$\text{终端故障率}=\frac{\text{故障终端}}{\text{投运终端}}\times 100\% \quad (10-9)$$

598. 如何计算终端远程抄表结算应用率？

答：终端远程抄表结算应用率是指通过营销系统获取用电信息采集系统中的终端抄表数据并有效地用于电量计算和电费结算的用户在所有已安装采集终端用户中所占的比率，如式（10-10）所示。

$$\text{终端远程抄表结算应用率}=\frac{\text{采用采集系统抄表数据计量电费的用户数量}}{\text{已安装的终端的用户数量}}\times 100\% \quad (10-10)$$

599. 如何计算平均异常处理时限？

答：平均异常处理时限是指各类异常事件的平均处理时限，如式（10-11）所示。

$$\text{平均异常处理时限}=\frac{\text{异常告警处理总时长(天数)}}{\text{用电信息采集系统异常告警数量}}\times 100\% \quad (10-11)$$

600. 如何计算有序用电用电负荷控制率？

答：有序用电用电负荷控制率是指考核期内终端已接入用

户开关控制回路的用户平均最高负荷在本区域同期平均最高负荷中所占的比率，如式（10-12）所示。

$$\text{用电负荷控制率}=\frac{\text{终端已接入用户开关控制回路的平均用电负荷}}{\text{本区域同期平均最高负荷}}\times 100\% \tag{10-12}$$

参考文献

[1] 唐佐樑．电能计量手册．郑州：河南科学技术出版社，1990.
[2] 王立波．装表接电．北京：中国电力出版社，2007.